美国、欧洲的孩子在12岁前，一定要上财商课！

我们都欠孩子一堂财商课

水湄物语 著

北京理工大学出版社
BEIJING INSTITUTE OF TECHNOLOGY PRESS

图书在版编目（CIP）数据

我们都欠孩子一堂财商课 / 水湄物语著. —北京：北京理工大学出版社, 2019.6（2019.12重印）

ISBN 978-7-5682-6885-1

Ⅰ. ①我… Ⅱ. ①水… Ⅲ. ①儿童—理财观念—家庭教育 Ⅳ. ①TS976.15 ②G78

中国版本图书馆CIP数据核字（2019）第053693号

出版发行 / 北京理工大学出版社有限责任公司
社　　址 / 北京市海淀区中关村南大街 5 号
邮　　编 / 100081
电　　话 / （010）68914775（总编室）
（010）82562903（教材售后服务热线）
（010）68948351（其他图书服务热线）
网　　址 / http: //www.bitpress.com.cn
经　　销 / 全国各地新华书店
印　　刷 / 三河市金元印装有限公司
开　　本 / 889 毫米 × 1194 毫米　1/32
印　　张 / 8.5
字　　数 / 154千字
版　　次 / 2019 年 6 月第 1 版　2019 年 12 月第 2 次印刷
定　　价 / 39.00元

责任编辑 / 武丽娟
文案编辑 / 武丽娟
责任校对 / 杜　枝
责任印制 / 施胜娟

自 序

我为什么要写儿童财商

三本书，三个孩子

写这篇序的时候，我的大儿子嘟嘟正在看最喜欢的《小马宝莉》；我的二胎双胞胎姐妹正睡得香甜；而我家先生小熊则在书房面对电脑鏖战；手机微信群的小伙伴们，不时地发一两个表情包，还会冷不丁冒出一个令人拍案叫绝的新想法。梅雨季刚过，夏日的夜里，空气凉爽而清新，手边放着沁凉的西瓜，耳边伴着敲击键盘的清脆声音，用“幸福”二字远不能形容我此刻的感受。

这让我想起自己出上一本书时的情景，那时刚好也是夏天。

严格来讲，这是我的第三本书。

写第一本书《30岁前的每一天》的时候，我和小熊刚结婚，还在享受甜蜜的二人世界；写第二本书《谁说咸鱼没有梦想》的时候，我的第一个孩子嘟嘟还在牙牙学语。如今写这本书的时候，嘟嘟已经上幼儿园了，他还有了一对蹒跚学步的双胞胎妹妹——小雪糕和小棒冰。这对面貌极为相似的姐妹，已经显现出不一样的个性，可以预见，她们今后也许会拥有迥然不同却同样精彩的人生。

人们都说，书是作者的孩子。我的三个孩子，歪打正着，刚好和出书的历程暗暗相合。

我为什么要生孩子

5年前，怀嘟嘟（以前叫他“嘟胖子”，但他现在意识到“胖子”不是个好词儿，不许别人这么叫了）的时候，就有不少人问过我这个问题，“水湄，你为什么要生孩子啊？”

这个问题我想了好久，想的过程中又怀了第二胎。

而这第二胎，居然还是双胞胎。

先说说我怀孕时是什么状态吧。

怀孕8个月，体重只长了12斤。因为吃不下，基本只能吃泡饭配榨菜。

日常静坐时的心率是120次/分钟，这种心率相当于未怀孕的人快走或小跑时的心率，就好似我一天在快跑，而且边跑还要边讲话、吃饭、洗澡、上班。

我几乎每天都需要吸氧，身体和精神同时承受着巨大的折磨。

我历尽千辛万苦终于使生活和工作走上了正轨，可是突然进入了一个全新的领域——养育孩子。在这个领域，我是一个彻头彻尾的“菜鸟”，什么都不懂，什么都不会，自信心遭到前所未有的打击。

嘟胖子出生后霸占了我的大部分时间和精力，真不敢想象以后还要乘以3；

嘟胖子出生后我花了不少钱，真不敢想象以后还要乘以3；

嘟胖子固然有很可爱的时候，可是吵闹起来，尤其在我精疲力竭的时候吵闹起来，我恨不得掐晕他，真不敢想象以后还要乘以3……

只有两只手的我，怎么能同时搞定3个孩子呢？

嘿，你问我为什么要生孩子，我不知道。

我仍然记得得知第一次怀孕的那天，自己当时的震惊和狂喜——那天，当那张小纸片隐隐显出两条杠的时候，我立即跳了起来，大声呼喊小熊同学，然后颤抖着将手中的纸片递给他，焦急地问道：“是不是两条红线？”

如果他当时的回答是“没看清”或者“不是”，又或是任何让我不满意的答案，我感觉自己极有可能将他痛打一顿。

要知道，我已经连续查验了好几个月，但每次都以失望收场。

为了这一天，我吃的苦头着实不少。

自小身体强健极少进医院的我，为了怀孕这件事，都快把医院的门槛踏平了。一把一把的药吞进肚子，一次次地躺上手术台，可是我却一次次怀着失望的心情迎来下个月。

有一次从全身麻醉中醒过来，手术车已被推到走廊里，抬眼望去，头顶是白花花的天花板，我望着天花板上明晃晃的日光灯，想动动身体却发现完全动不了，那一刹那我忽然觉得，这恐怕便是劫后余生吧。

第一次检查，血值颇高，回家后上网查了查，得知这种情况下有怀双胞胎的可能。我的父母立即举例——表哥家生的正是龙凤胎，似乎想以此证明我们家族有双胞胎的遗传因子。果然，后来B超显示有两个孕囊！这一结果简直把我乐晕了，冷静下来后不免担忧，如果生下两个男孩岂不被折腾死?

没想到再次检查的时候，医生说两个孕囊中的一个已经停止发育。这究竟是什么原因医生也说不上来，她只能用“怀孕是件奇妙的事，你只能听从上天的安排”这种话来安慰我。小熊同学则说，一定是另一个家伙太凶悍，在这么早的时候就独霸全场。好朋友分析，两个宝宝说不定在肚子里猜过拳，输的人愿赌服输……总之，我用了不少时间才平复悲伤的情绪，并接受了这一现实。

好在，另一对双胞胎，在两年之后顺利降生。上天给了我挫折之后，又给了我一份意想不到的惊喜。我们的生活总会伴随着各种不经意的事件，而这些事件常常让我们措手不及，就像周星驰在《唐伯虎点秋香》里说的："人生的大起大落，实在是太刺激了！"

为什么要生孩子?

我不知道。

我只能说，生孩子这件事，是我一直想做的。我想过不要婚姻，也想过绝不做全职主妇，但从来没有想过放弃成为一名母亲。

在单身的时候，我便经常幻想将来与心爱之人携手走进婚姻的殿堂，然后一起养育一个可爱的孩子。即便找不到这样的男子，我也要独自收养一个可爱的孩子。与小熊同学结婚之后，我一直想要一个像他那样眉清目秀还会嘟嘴卖萌的孩子，求子之路虽然艰难，但我总算得偿所愿了。

我为什么要写儿童财商这本书

在我怀孕的时候，焦虑感几乎无时无刻不在伴随着我，但这种焦虑并不是来自“孩子会不会健康聪明”这样的担忧。健康或许还需要考虑，聪明与否甚至从来不在我的考虑范围之内，因为我从不期望自己的孩子多么卓然超群——那样的人生未免太过辛苦——我焦虑的是，他们的未来能有多大的自由。

龙应台曾给儿子安德烈写过这样一段话：“孩子，我要求你读书用功，不是因为我要你跟别人比成绩，而是因为，我希望你将来会拥有选择的权利，选择有意义、有时间的工作，而不是被迫谋生。当你的工作在你心中有意义，你就有成就感。当你的工作给你时间，不剥夺你的生活，你就有尊严。成就感和尊严，给你快乐。”

大多数父母，都是在20多岁处于青壮年的时候生下了孩子，未来还能陪孩子走好长的路；我则是在40岁左右才有了嘟嘟和双胞胎，勉强可以算作“老来得子”。记得看《爸爸去哪儿》第三季的时候，林永健面对镜头说起自己儿子的时候，总是免不了热泪盈眶。他自己解释，因为41岁才有了儿子，所以泪点比较低。当时知乎上有人说：变老测试的那一期，可能就是林永健心里屡屡出现的场景演绎。我有时候也会和小熊想，咱们一定要好好锻炼身体，多活20年，把别人能陪孩子的时间都给赚回来。

可我还是焦虑，我如何能让自己的孩子在今后的人生中，享受最大的自由呢？

我从30岁才开始学习理财，并在学习理财投资的过程中认识了远在英国的小熊同学，后来他回国发展，我们结婚、创业、生子。婚后的我们不论在事业上还是在生活上，都可以称为顺风顺水。

可在30岁之前，我由于财商低吃了很多亏，那时的我每天加班搞得自己身心疲惫，却始终摆脱不了那种忙碌而艰辛的日子。甚至外婆病重即将去世时，我都没来得及赶回去见她最后一面。

我的第一本书《30岁前的每一天》出版之后，曾受邀去各地演讲，每次讲到金钱的时候，我都不免感慨中国的教育体制对于儿童财商概念普及的匮乏。从小到大，父母一直要求我们"两耳不闻窗外事，一心只读圣贤书"，可是，读书究竟为了什么，我们却并不清楚。

其实，每一位父母，都希望自己的孩子能有一个自由幸福的人生，希望他们长大后可以从事自己喜爱的职业，希望他们有时间和精力去做自己喜欢的事，希望他们可以尽情地享受生命的灿烂美好。

要想让孩子成年后享有自由幸福的人生，在他们的幼儿时期家长便要注意对他们的财商进行培养。不少家长在培养孩子财商这个问题上经常会陷入困惑，下面是最为常见的两种表现形式：

第一种是像前面说的，面对“钱”这个敏感的话题，父母们总是唯恐避之不及，生怕一个引导失误，就会让孩子变得市侩，失去原有的纯真和快乐。于是，家长们索性不和孩子谈论“钱”这个敏感话题，而借机让孩子好好读书，引导他考名牌大学，并告诉他名牌大学毕业后就可以找好工作，以后便不用为钱发愁了。这种模式，是让孩子在重复我们的老路，陷入好好学习、好好工作、挣钱买房，然后再好好工作，为钱打工的怪圈当中。

另一种，是父母读了很多书、上了很多课程，尝试用外国的“财商”知识，对孩子进行“财商教育”，而很快因为国情上“水土不服”，或者本身对财商的不甚了解而作罢。

我翻看了市面上很多所谓的“儿童财商书籍”，要么是宣扬让孩子通过做家务来了解打工赚钱的意义，要么是给孩子讲该怎么利用零用钱，甚至有的书籍生硬地向孩子普及“股票”“基金”“期货”是什么——拜托，向成年人讲这些，估计都要花费好几节课才能说清楚，给孩子讲解有必要这么复杂吗?

财商，有没有可能在有趣的亲子互动当中自然而然地产生呢?

怀着这种想法，我动手写了这本书。

这本《我们都欠孩子一堂财商课》是我和自己的孩子在每日相处的过程中，产生的关于“财商”问题的思考及解答。

也许读完本书你会发现，财商绝没有想象中那么复杂，它就潜藏在生活中；但是，财商也远不是“钱”这么简单，而涉及人的思维、格局和眼光，这背后需要经济学、心理学、儿童教育学等知识支撑。

曾经在网上看到过这样一句话：“当我们焦虑着孩子不该输在知识的起跑线上的时候，我们也不能忘记，自己也是孩子的起跑线。好的家庭教育，拼的其实也是父母。”

所以，作为一名从10年前就开始在网上普及理财知识的“老网红”，也作为一名在理财教育领域工作了7年的创业者，我想把自己跟孩子相处的想法分享给读者，我不敢说自己的这本书能为家长们培养孩子的财商指引道路，但是希望可以在这方面给家长们提供些许帮助。

外国人写书，总喜欢在开篇说：“谨以此书，献给我最爱的家人”等，于是我也有样学样——“仅以此书，献给我最爱的3只小熊，以及小熊们的爸爸。”

希望等我的孩子们长大，看到这本书的时候，可以看到他们自己的成长轨迹，以及爸爸和妈妈的心路历程。

目 录

Part 2 走出去：外面世界的财商

Part 3 与自我相处，培养财商思维

导 言

儿童财商教育怎么开始

为人父母难免会有些焦虑，我作为三个孩子的母亲，不能用“焦虑翻倍”来形容了，得说“焦虑的三次方”。

别人的教育都从胎教开始，英语、古典音乐、数学、古诗词，十八般武艺哪种都不能落下；等到孩子出生以后，一大波早教班纷至沓来。没办法，再苦不能苦孩子，再穷不能穷教育，不能让孩子输在起跑线上！

说来惭愧，在早教上，我可以说是绝对输在了起跑线上，从怀孕到生孩子，一路顺其自然，也算是“佛系养娃”了。嘟嘟10个月的时候，还是个无忧无虑，只管吃喝玩乐的孩子。

不过，我好歹也算是个理财课堂的创始人，是不是应该对孩子的教育“上点心”？想到自己以前吃了财商低的亏，现在又在从事理财方面的工作，于是我想培养孩子的财商，让他避免再走自己的老路。因此，我开始着手了解儿童财商方面的教育知识。

通过读书和调查，我发现自20世纪70年代，财商教育就进入了美国中小学的课堂。美国儿童更是有着清晰明确的理财教育目标：

3岁：能够辨认硬币和纸币。

4岁：知道每枚硬币是多少美分。

5岁：知道硬币的等价物，知道钱是怎么来的。

6岁：能够找数目不大的钱，能够数大量硬币。

7岁：能看价格标签。

8岁：知道可以通过做额外工作赚钱，知道把钱存在储蓄账户。

9岁：能够制订简单的一周开销计划，购物时知道比较价格。

10岁：懂得每周节约一点钱进行储蓄，以便大笔开销时使用。

11岁：知道从电视广告中获取信息，并发现理财事实。

12岁：能够制订并执行两周开销计划，懂得正确使用业务中的术语。

13岁至高中毕业：尝试进行股票、债券等投资活动，通过商务、打工等赚钱。

看完这一个编年体式的清单，我瞬间感觉压力山大，看来，嘟嘟的财商教育之路任重而道远。如果照本宣科地给孩子讲，显然不合适，儿童财商教育应该怎么开始，这是个问题。

嘟嘟丝毫不知道我内心的纠结与挣扎，还在那无忧无虑地抱着奶瓶吃奶。

不过，我这种情绪没持续多久，一次高中同学聚会彻底改变了我的想法。

那次高中同学聚会，我大学最好的闺蜜旦旦也来了，正好有个同学正在坐月子，结果，原本的同学聚会变成了旦旦的育儿经验分享大会。

我颇为感慨，旦旦虽然没有当老师，但毕竟在教育行业有十几年的从业经验，几位一直在旁聆听的妈妈们由衷地说，我们应该定期请你出来讲解育儿经验。

那么，旦旦的育儿方法有什么特别之处呢？

旦旦的特别之处在于她善于从日常生活中教育孩子，接下来我通过几个事例来向大家说明这一点。

这个坐月子的女士有个大概三周岁的孩子，小名大宝。一天，我们去她家做客，她拿出玩具给大宝玩，大宝假装请我们吃抹茶冰激凌，旦旦见状问他："这盒抹茶冰激凌多少钱啊？"

从来没被人问过这个问题的大宝愣了一下（一般来说，幼儿园阶段的小朋友还没有价格这个观念），接着随便回答了一句："100元。"

我们配合着惊呼：“一盒冰激凌卖100元，也太贵了！”

大宝看见群众反应激烈，立即改口说：“那么就5元吧！”

我想继续讨价还价的时候，旦旦却开了口：“5元就5元吧，但是我只有一张10元的纸钞，我给了你，你应该找我几元钱啊？”

估计大宝还没自己买过东西，更别说找钱了，于是他只好赶紧向自己的妈妈求助。

旦旦后来对我说，其实对于比较小的孩子来说，数学就是生活中的事儿，这种模拟的买卖游戏，可以帮助小朋友理解数学的基本概念。《好妈妈胜过好老师》中也提到玩家庭商店的游戏可以帮助儿童学习数学之类的知识。

旦旦还说，她的女儿小叶子才上幼儿园中班就敢独自捏着钱去买冰激凌了，这不仅体现了她高超的数学能力，还体现了她不错的人际交往能力。小叶子小时候胆子很小，两岁左右的时候，她还不敢玩儿童游乐中心的游戏设施，就连在陌生环境中就座都要进行很长时间的心理准备。旦旦为了锻炼小叶子的胆量做了很多工作：小叶子想吃零食了，她会给小叶子钱，然后自己站在一边，看着小叶子自己买；需要问路了，她会鼓励小叶子去问，然后自己站在不远处确保小叶子的安全；小叶子想要玩具了，她会把小叶子带到商店，让小叶子自己挑选。锻炼了一段时间，小叶子的胆量慢慢变大了。

如今进入小学的小叶子很受老师喜欢，原因是她不仅能圆满地完成老师交代的任务，而且还能管理好其他的孩子。“独立能力真的非常重要！小叶子正是凭着这点才得到了老师的喜爱，我觉得从小让孩子担任班干部，对于她以后走上管理层很有帮助！”旦旦如此说道。

我个人对于这种“中国式的小干部”持保留意见，不过能把自己的事儿干好，顺便还能带动大家，确实可能会受到老师的喜爱。

旦旦还分享了许多其他的育儿例子，例如选择业余爱好，可以让小朋友自己决定，但是需要他安排好时间，并且学会取舍——人的精力有限，想学这一样就意味着要放弃另一样，不然很可能哪一样都学不好！

教育的核心是：“自己的事情自己做主，学会时间管理，知道所有事都是有机会成本的。”

记下了很多的育儿知识后，我又虚心请教旦旦：“那你觉得，对孩子来说什么才是最重要的？”

“对孩子来说，最重要的就是‘独立’。我不是一个全能的妈妈，我也有自己的事情要忙，我不可能也没时间去安排好孩子的一切。我也不认为孩子就是天使，孩子是天使和魔鬼的结合体，用个更准确的词，他就是个普通人。普通人身上的人性光辉和人性弱点，孩子的身上都会有。不过，孩子都会爱自己的父母，这种爱不掺杂功利成分，所以我们在关爱孩子的同时也要尊重他们。”旦旦的这番话一直在我的耳边回响，这直接影响了我之后对三个孩子的教育。

记得生嘟嘟前后，我看过不少育儿书籍，不过深得我心的还是薛涌那本《一岁就上常青藤》里提到的那套“常青藤法则”。“常青藤法则”的核心内容即把孩子（哪怕只有1岁）当成一个独立的人，与他平等对话，与他一起探讨共同生活的规则，培养他独立做决定的能力。

经济学三大基本假设的第一个就是：理性人假设，又称经济人假设，也就是最大化原则。这项假设是什么意思呢？就是每个人，都是一个独立的个体，他会为了自己利益的最大化而进行经济活动。

孩子是一个独立的人，而“儿童财商”的核心理念也是如此：把孩子当成一个独立的个体，去尊重，去爱。

Part 1
发生在家里的财商故事

第 1 节
尝试与独立

嘟嘟的故事

自从有了独立的带娃方向之后，我是越来越喜欢“后妈”这个角色了。

我怀嘟嘟的时候跟公公婆婆讲我小时候的事，那时我大概一两岁，走路还摇摇晃晃的，我的妈妈会在背后趁我不注意的时候踹我的屁股，等我摔个狗啃泥回头查找真凶的时候，我妈又会若无其事地说：“咦，你怎么摔了呀？赶紧的，自己爬起来。”

讲完这个事，我自己觉得很有意思，忍不住嘴角上扬，回头却发现公公婆婆露出了吃惊的表情。后来婆婆不断追问我，这件事是编出来的吧？是假的吧！

婆婆一直坚信这种故事只存在于我的想象中，直到嘟嘟出生，她亲眼看见我各种“不好好照顾”嘟嘟，才相信这种故事里的桥段会在生活中上演。有一次在一个斜坡上，嘟嘟从我的脚边摔倒并滚了下去，尽管我一再发誓自己是不小心的，但是婆婆联想到我之前的行为还是气得一天没跟我说话。

其实当亲妈易，当后妈难。一般老人，甚至包括家里请的保姆，带孩子都是亲妈模式，哭了就心疼，立即抱起来，或者喂吃的。再长大一点，要什么给什么，只想着反正家里又不是给不起。

可是孩子摔倒了不去抱，孩子饿了让他饿着，孩子要玩具得通过家务劳动攒满经验值这些措施并不代表我看见孩子哭就真的不心疼。只是既然开启了“后妈模式”，就要忍住这种“不忍”，因为我明白自己无法保护孩子一辈子，不如让他早早学会独立面对生活的艰难。

水湄有话说：后妈的带娃秘诀

那后妈带娃有什么秘诀呢？我有三大法宝，分别是装傻、装死和装尿。

先说装傻。

“妈妈，妈妈，这个盒子怎么打开？”

“啊？怎么打开？我也不知道啊！只能靠你自己了。”

后来嘟嘟琢磨了一阵子，自己打开了盒子，然后开心地玩起了玩具。

装傻可是当后妈的一大法宝，看着他自己研究裤子怎么穿，研究盒子怎么打开，玩具怎么玩怎么装，我就会露出欣慰的笑容，偷懒的同时又能见证孩子成长的过程怎能不让我开心？

当然，孩子成功地穿上裤子、打开盒子或者组装好玩具，我都会夸赞他："呀，你怎么这么厉害？"这时，他总会拍拍我的肩膀以示安慰，然后说："没事，妈妈，你多看几本书也能学会的。"看着他脸上那自豪的表情，让我有一种自己比他还需要人照顾的错觉。

再说装死。

"妈妈，妈妈，门铃响了！"

"妈妈已经死了，爬不起来了……"

于是嘟嘟搬来了小板凳，把门打开，把快递送的酸奶拿进来。

装死也是后妈的必备法宝，我是永远赖在沙发上不肯起来的那个。

"嘟嘟，妹妹摔倒了，你去扶一下她。"

"嘟嘟，把这个橘子皮扔到垃圾桶。"

后妈水湄似乎没有脚，不能移动；似乎也没有手，不能干活，只能靠4岁的嘟嘟帮忙。

难怪嘟嘟经常会吐槽说：“妈妈你真的很懒。”

最后是装㞞。

“啊呀，嘟嘟，这只狗这么凶，我害怕。”带着嘟嘟在小区里散步，只见迎面跑来一只白色的博美，我惊得连忙后退。

只见嘟嘟一个箭步跳到我的身前：“妈妈别怕，我来保护你。”

明明一分钟前，他还在拼命地往后躲。可是在需要保护的（装㞞的）女人面前，他一下子鼓起了勇气。

我是一个不敢去柜台付钱的妈妈，所以嘟嘟去付钱了。

我是一个看见虫子都害怕得大喊大叫的妈妈，所以嘟嘟会挡在我前面。

我是一个过马路害怕车子开过来的妈妈，所以嘟嘟会牵着我的手。

难怪他很嫌弃地说：“妈妈你胆子真小。”

情景延伸：宝贝，这是妈妈的人生

现在的家长普遍很喜欢“大包大揽”，让孩子失去了很多尝试的机会，因此我经常发出这样一句感叹：当“亲妈”容易，当“后妈”难。

其实很多时候，父母对孩子需要适当地放手。我以前写过一篇文章，叫《宝贝，这是妈妈自己的人生，我只是顺便带着你》，结果遭到了一堆人的批评：没有责任心，怎么能这么敷衍孩子呢？

可是，正如《如何让孩子成年又成人》这本书里讲的：“我们把孩子当作宠物和温室里的植物养大，还常常自我欣赏这一过程。直到孩子独自面对世界手足无措，我们都没有意识到养育孩子的过程出现了问题。”

很多中国的父母为了养育孩子牺牲了太多自我，可是孩子并没有在这种“悉心”的照料下茁壮长大，反而因为缺乏充分的锻炼出现了各种问题。

记得嘟嘟上足球课的时候，我在旁边玩着手机，突然听到旁边两个妈妈聊天，一个妈妈说：“泰国那边国际学校蛮便宜的，大概四五千一个月吧，有些妈妈初中就陪出去了，等到孩子上大学就解放了。要不我们也去吧！”

从初中陪到高中毕业，那可是整整6年的时间！

一位妈妈，为了孩子，甘愿放弃国内的工作，放弃国内的朋友，放弃跟先生的团聚，去往一个人生地不熟的地方，仅仅是因为，要以相对较低的价格让孩子上国际学校。

我非常能理解妈妈们一心为孩子着想的心情，但我真的做不到她们那样的程度，我若动身去泰国，只可能出于这样一种心理——

泰国那边天气暖和，物价低。我给自己放两年的假，写写小说，学学画画。正好，那边的国际学校也不贵，让孩子过去读两年书，让他们结交一些其他国家的朋友，了解一下其他国家的文化，说不定还能培养个潜水之类的爱好。

结果貌似并无太大差别，可是出发点却截然不同，前者是以孩子需求为重，后者却以自己需求为重。

最好的爱情，应该是我们都会变成更好的那个自己，而不是为了我们假想中的“为了你好”，不断消耗自己的生命。嘟嘟出生之后，我了解到，最好的亲情也是如此。

一位母亲，能为孩子做的最好的事，就是“变成更好的自己”。让孩子看到自己在不断学习新的知识，在不断挑战自己的能力，有勇气战胜困难和挑战，以积极乐观的心态面对生活，等等。

那些父母要求孩子做到的事，父母必须自己先做到。

我有我自己的人生，孩子也有他自己的人生，我不会为了孩子放弃自己的理想和抱负，也不会把自己的梦想和意愿强加给孩子，因为孩子长大后终究会离开我去过他自己的人生。

在我们携手踏上人生旅途的这段日子，我是他的导游，是他的旅伴，但是，我不会变成他的仆人和奴隶。我会向他演示，如何翻越高山，横渡大海，面对凶兽猛禽毫不畏惧。

等到孩子长大了，找到了自己想要去的地方，他就会离开我，他这时已经学会了翻越高山和横渡大海的本领以及面对凶险的乐观心态。我这时就会放心地看他远走，并默默地祝愿他能够拥有一个美好的未来。

第2节
概率与机会

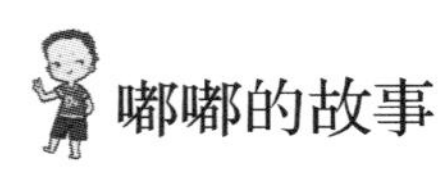

嘟嘟的故事

有天晚上，嘟嘟自己去卫生间刷牙。20分钟之后，我进去看了下，他还在玩白天买的那个小汽车。

我有点生气，对他说：“嘟嘟，你已经是一个3岁半的大孩子了，你不能再在别人的监督下刷牙了，再给你10分钟，赶快刷好牙，我在房间里等你睡觉。”

嘟嘟答应了。

10分钟很快过去了，我让小熊去卫生间又看了下，结果嘟嘟还在玩小汽车。小熊也火了：“你刷牙这么慢，妈妈讲的话你也听不进去，好了，今天跟爸爸睡吧！”在一旁的我还适时地补了一刀：“哼，我回房间就把门反锁。”

我们家对孩子最大的惩罚就是“妈妈不跟你睡觉了”。这一招目前还很管用，虽然不知道能管用到什么时候。

跟爸爸睡觉这件事，虽然经常挂在嘴上说，可是真正实施的次数并不多。那天，我回到卧室关上门，还发了条消息给小熊："门没锁，你好好教育下。"然后，我上床一边玩手机一边悄悄听着外面的动静。一开始只隐隐听到隔壁传来很轻的哭泣声，大约半个小时后，我听到门口传来脚步声，于是赶紧把手机藏在枕头下面。

果然是小熊牵着嘟嘟过来了，小熊低声安抚着嘟嘟："你看，我就说，你应该试一下，妈妈可能忘了锁门呢？"

原来，嘟嘟听到"妈妈不跟你睡觉了"就急忙刷牙，刷过牙出来看到卧室的房门紧闭便哭了起来，然后眼含泪水听爸爸讲完了故事，并向爸爸承诺"以后会自己好好刷牙"，才被爸爸带到我的房间。

不过，嘟嘟一开始不敢过来，毕竟，我刚刚发了火，还说会把门反锁。

于是小熊开导他："你总要试一下，不试怎么知道不行呢？就算门真的锁了，你也可以在外面求妈妈打开呀！"

在爸爸的鼓励下，嘟嘟终于鼓起勇气来推我的房门，结果竟然发现我并没有锁门。嘟嘟喜出望外，兴奋地跑过来抱住我，不到3分钟，就打着呼噜进入了梦乡。

水湄有话说：不试一下，你怎么知道不行呢?

如果招聘启事明确写着招聘条件“仅限985/211院校毕业生”，你还会投递简历吗?

这个问题可能和养育孩子没有直接的关系，我只是想通过这句话引出人们要勇于尝试，进而引出家长要鼓励孩子勇于尝试这个问题。工作这么多年，后来又自己创业，我自己参加过面试，也担任过面试官，我想自己对于投简历和面试有一定的发言权。每年高校毕业季，四年前在高考战场上拼杀过的孩子们，又面临着第二次人生博弈。

我在NGO（Non-Governmental Organizations 非政府组织）工作的时候曾经招聘过这样一个女孩，其实她的毕业学校和学历这些“硬件”条件都很一般，可是最后居然过五关斩六将地通过了面试，拿到了录用信。

我做招聘问卷调查的时候问她获取招聘信息的渠道。她对我讲了这样一件事：“水湄姐，其实这个职位信息是我室友先看到的，但是你们招聘启事要求985/211学校外语专业毕业。我们既不是名校毕业，专业也不对口，所以室友就说‘不投了，这家肯定没戏。’当时我还劝她试一下，但是她没有听从我的劝告，于是我对她说‘你不投我可投了，这家公司挺好的，哪怕去那里参加面试也是难得的一次积累经验的机会。’

可能是我运气好，也可能是我准备充分，面试的那天有两个名校的求职者迟到了，于是原本硬件条件最差的我，最后竟然拿到了Offer。我的室友因为今年找工作不理想，现在正在备战考研。”

情景延伸：概率的秘密

小熊很喜欢讲“概率”。每次长投线下活动讲投资的时候，他都会讲这个主题，并且喜欢举巴菲特的案例。巴菲特曾表示：哪怕给我100万美元，我也不会玩俄罗斯轮盘赌（在左轮手枪的六个弹槽中放入一颗或多颗子弹，任意旋转转轮之后，关上转轮。游戏的参加者轮流把手枪对着自己的头，扣动扳机），因为即便胜出的概率是5/6，能赢100万美元，可一旦运气不好，遇上那1/6，你的损失就等于负无穷大——命都没了，要钱又有什么用？其实，1/6已经算是很高的概率了，哪怕是千万分之一，百万分之一，一旦命中，也要承受负无穷大的结果，因此并不值得尝试。

相反，有些事情，你尝试之后，可能给你带来正无穷大的好处，而并不会让你付出多少代价，可能只需要你放下面子、鼓起勇气而已。

你总要试一下，不试怎么知道不行呢？虽说这个道理简单，可是面对未知的困难，很多人都会选择“知难而退”。一方面，我们本能地害怕被人拒绝；另一方面，我们害怕犯错误，也害怕承受犯错带来的后果。

为什么我们要鼓励孩子大胆尝试呢？

首先，鼓励孩子进行尝试，可以锻炼孩子的心理素质。其次，由于硬性条件是固定的，但确立条件的人有可能会变通。而一旦确定条件的人改变主意，我们便可以得到正无穷大的好处。

就如我上文提到的，尝试推门的嘟嘟获得了与我一起睡觉的机会；大胆投递简历参加面试的小姑娘，意外拿到了NGO组织的Offer。因此，与其说他们幸运，不如说最后的结果是对他们“勇于尝试”的嘉奖。

迎难而上，也许并没有想象中的那么困难。

1. 勇于尝试比赢得胜利更重要

家长应该注意培养孩子面对困难和挫折的勇气。如果只在孩子获得成功的时候表扬孩子，那孩子就会认为获得成功才是有意义的；所以家长在孩子鼓起勇气去尝试的时候也应给予鼓励和肯定。家长可以这样告诉孩子：“这个世界上并不是只有获得第一名才厉害，妈妈觉得勇于挑战的小朋友也很厉害。”

2. 允许孩子低成本试错

《精益创业》是我在创业期间读了不下五遍的一本书，其实这本书不仅可以指导创业者进行创业，而且对于育儿也很有指导意义。书中说创业的定义不是按照创业计划书循规蹈矩地走，而是花费最小成本去试错。我觉得这个理念很独特，家长在教育孩子方面也可以借鉴这一理念。家长可以给孩子提供一个相对宽松的生长环境，只要不危害其人身安全，就不要为他设置太多条条框框，让他可以大胆地去接受生活中的各种挑战。对于小朋友而言，童年是他们人生试错成本最低的阶段，这时的他们就算错了，又能带来什么损失呢？毕竟，让孩子从错误中吸取教训才是最重要的事情。

亲子游戏：今天我买单

我赞同家长锻炼孩子，但我认为锻炼孩子也要尊重孩子的主观意愿。

我看过不少家长打着“锻炼孩子”的旗号，强行让孩子去做超出他能力范围的事情，甚至把孩子置于危险的境地。比如，强迫内向的孩子在众人面前表演节目，让年幼的孩子独自去医院看病，逼着孩子在寒冷的冬季裸跑等。在我看来，这并不是对孩子进行锻炼，反而是对孩子进行折磨和虐待。

我的小建议是，在确保孩子安全的前提下，在他的能力范围内，鼓励他做一些稍微有点挑战的事。

比如带孩子去他喜欢的餐厅，然后鼓励孩子自己拿着零钱去结账。如果孩子年龄大一些或者家长想增加一些挑战难度，可以鼓励孩子去问问有没有打折活动或者能否使用优惠券。即使孩子表现不佳，家长也要肯定和赞扬孩子勇于尝试的表现。

第3节 规则

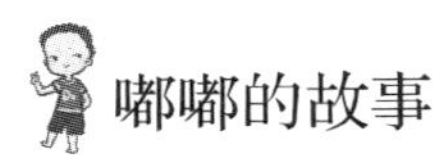

嘟嘟的故事

嘟嘟两岁的时候开始接触iPad，我在家的时候很少让他玩，只有出门在外需要他一个人安静地待一段时间的时候，才让他玩一会儿。而嘟嘟也是异常沉迷iPad中的两个数学启蒙小游戏，以及里面的动画片，只要把iPad交到嘟嘟手中，我跟朋友交谈一两个小时都不用担心他来打扰。

我带着嘟嘟去日本出差，当我和合作伙伴在会议室谈工作的时候，他就拿着iPad戴上耳机在旁边看《小马宝莉》。这样让他在我视线范围之内，可以让我在异国他乡安心一些。

在家的时候，我和嘟嘟的爸爸也会根据情况让嘟嘟用电视盒子点播自己喜欢的动画片。嘟嘟一般情况下情绪比较稳定，也可以遵守约定，说好看一集动画片，便只看一集，看完便乖乖地关电视。不过，他有时候也会忍不住继续看下去。

“嘟嘟，该洗澡了！”

“哦，好的。”

5分钟后，嘟嘟依然在电视前看得认真。

“嘟嘟，电视关掉，要洗澡了。”

“知道了，妈妈我看完这集就关掉。”

我整理好床铺过来，嘟嘟依然目不转睛地看电视……

水湄有话说：孩子不肯关电视，怎么办?

这种情况下父母可以选择立即关掉电视，也可以选择下一次不给孩子看电视，但我一般只会简单地说一句：“嘟嘟，你答应过妈妈的事情没有做到，那么下次我答应你的事，也可以说话不算话。”嘟嘟听完这句话一般就会乖乖地关掉电视，因为他意识到这是我们双方的约定，如果他率先打破契约的话，那么我也可以不遵守约定。如果这样的话，我答应带他出去玩，答应给他买酸奶，答应晚上陪他睡觉，答应给他讲故事，这些契约我都可以打破。想到这些，嘟嘟会觉得自己所要付出的代价未免有些“惨痛”，于是便会乖乖听话了。

我发现现在很多家长对孩子看电视或玩手机都有一种“电子产品焦虑症。”

比如我和嘟嘟在餐厅，邻桌的阿姨看到嘟嘟在用iPad看视频，就立马热心地凑过来："看平板伤眼睛啊，小朋友不能看的，中医说久视伤肝。我就从来不给我家囡囡看。"

但我家的教育并没有那么绝对，想着孩子早晚都要接触电子产品，那不如对其进行正面引导。毕竟，家长不可能把孩子放在一个真空的笼子里隔离所有电子产品。既然如此，我们能做的便是让孩子学着适应环境，而不是让环境来适应他。

电子产品也是孩子获得信息的重要渠道，一方面孩子可以通过电子产品学到一些文化知识，另一方面孩子也可以通过电子产品看一些动画片，而动画片中的人物会成为孩子的"社交货币"。幼儿园的小朋友在一起玩的时候，一般会扮演动画片中的英雄角色。如果完全不让孩子接触电子产品，孩子可能会因为离群索居，无法融入学校而产生心理问题。

因此，我们应该做的，不是抵制这些电子产品和动画片，而是帮孩子树立规则。

情景延伸：自由建立在规则之上

这个世界，规则无处不在。《孩子：挑战》这本书里说："想让孩子在公共场合守规矩，需要在家里就开始训练。"

我曾经看过一个新闻：一个正在屋内看动画片的10岁男

孩，因为嫌楼外施工太吵，竟然用小刀割断了施工者下方的安全绳。多亏消防大队及时出动，才算救下了那名施工者。

面对警方的询问，小孩说："我当时正在看《喜羊羊与灰太狼》，外面钻机打墙的声音太吵，所以我就用刀子把绳子割断了。"

后来，他爸爸竟然只赔了那根绳子。

众人哗然。

不要觉得对方是小孩子就无底线地原谅他，更不要说"大人怎么能和小孩子计较呢""小孩子不懂事，大人要原谅他""他还太小，长大了就好了"这类话。孩子违反了社会规则却不予纠正，甚至一味地偏袒包庇他，很可能让他越走越偏，最终走上犯罪的道路。

如今的育儿存在一个普遍现象，即家长对孩子不加以任何约束，给予他们无限的"自由"，于是孩子成了"小霸王"，家长成了孩子的仆人。孩子享受所有的自由和权利，而家长则承担所有的责任和义务，这种现象的育儿显然有些畸形。

享受权利的同时一定要履行义务，享受自由的同时也要承担一些责任。孩子拥有看iPad的自由，但要以遵守只看两集的约定为前提，就好比我们有开车的自由，但绝不能做出无证驾驶、酒驾、闯红灯等违法行为。

在引导孩子遵守规则的过程中，我们要把他当作独立的个体来尊重，不要强迫他对我们绝对顺从。规则一旦制定下来，家长也要遵守。比如，如果我和嘟嘟约好出去玩，但中途我需要临时处理工作，我这时会跟嘟嘟说明情况并征求他的同意。可能有人觉得，我处理工作还要征得嘟嘟同意，这似乎有点多此一举。我并不同意这种看法。设想一下，如果你跟朋友正在吃饭，中途需要起身去接一个电话，我们一般会习惯性地和对方打个招呼："不好意思，我要接个电话。"我们为什么要这样做呢？这是出于对朋友的尊重，也是我们交际的一项礼节。

我觉得与其对孩子耳提面命，不如做好言传身教，所以在与孩子相处的时候我会格外注意自己的一言一行。同理，要想让孩子尊重别人，家长便要让孩子感到自己受到了尊重。比如，嘟嘟在玩积木，我想守着他玩会儿手机，于是便会问他："妈妈有点无聊，我可以玩一会儿手机游戏吗？"一般情况下，他都会欣然同意。

除了尊重孩子，还有哪些方法可以让孩子遵守规则呢？我归纳为以下三点，希望家长朋友们看后会有所帮助。

1. 规则需要家长与孩子一起制定

我们还是以孩子看电视为例进行说明。

看电视不按照动画片的集数进行规定，而按照时间来进行规定（比如半个小时），这件事是妈妈一个人决定的，还是跟孩子商议后决定的呢？如果是前者，那为什么妈妈规定的事情孩子就应该遵守呢？

反过来说，如果妈妈事先跟孩子商议过规则，明确看电视半个小时后就一定要关掉，并且孩子也可以看到明确显示时间的钟表，而孩子依然不遵守规则。既然事先大家已经有过约定，那么也应该规定了违反约定后将面临的处罚（比如，超过10分钟，将面临第二天禁止看电视的处罚；超过20分钟，将……），那妈妈就可以按照规定来处罚孩子。

2. 家长需要提前将规则告知孩子

看电视只能看半个小时的规则，是不是提前告知孩子了？一般而言，如果提前告知孩子这个规则，他们普遍都能比较通情达理地接受。但如果妈妈之前没有说过这个规定，只是猛然一看表，发现时间已晚，然后立刻催促孩子关电视上床睡觉。这样突如其来的呵斥只会让孩子感到莫名其妙，他会想：妈妈你事先又没有通知过我，为什么要我遵守突然出来的规定啊？

在我的家中，给嘟嘟看电视或玩iPad前会提前告知他可以看多长时间。如果事先忘了告知孩子可以看多长时间，可以在意识到这件事的时候跟孩子商议，比如再看10分钟可以吗？也许有时候他会讨价还价。家长可以选择适当地进行让步，比如妈妈可以设置15分钟的倒计时，时间到的时候，孩子会乖乖地关掉电视或iPad。

3. 规则需要有商榷余地，必要时在中途提醒

最后一点是这种规则有没有商榷的余地，以及有没有中途进行提醒。

其实这种“商榷余地”又回到了尊重孩子的话题，规则本应是家长与孩子共同制定，既然孩子不能参与讨论，又凭什么要求他遵守呢?

比如，家长说再看10分钟电视就去睡觉，孩子可能会要求再看15分钟，那么家长可以在这个时候陈述自己的理由，孩子听完家长的理由后可以陈述自己的理由，大家商量后达成统一意见。

在商量的过程中，孩子不仅有参与感，还能利用各种手段来维护自己的权利，同时还能感受到“坚持”和“妥协”的意思。这些体验对于孩子而言都是很好的锻炼。

至于中途提醒，则是因为大部分孩子沉浸在一件事中时，对时间是没有概念的，那么家长应该在时间快到的时候，提醒孩子一下，告诉他说：“还有5分钟了”“还有最后1分钟了”。这样的做法可以给孩子一个心理预期，让他可以顺理成章地接受关掉电视或者收走iPad的结果。

有人可能会问：何必搞得这么麻烦？孩子毕竟还小，不懂事。

没错，孩子是还小，但并不代表在一些简单的事上，他没有自己的意见。

我们都希望孩子未来可以成为一个具有独立人格的人，一个具有思辨能力的人，一个可以与不良风气作斗争的人，那么为什么在他们年幼之时，我们却连这样的机会都不给他们呢？

成为妈妈之后，我发现，绝大部分的教养问题，其实都是家长自己的问题，而不是孩子的问题。

育儿的过程，本质上是家长再次审视自己的过程。孩子是一面镜子，真实地“照”出了我们的缺点和不足。家长需要的，不是去改造孩子，而是改造自己。

当家长自己变得更好的时候，孩子自然会变得更好。

亲子游戏：DIY一张时间表

和孩子一起制定一张时间表吧，最好是由家长和孩子亲自手绘。孩子比较小的话，可以由父母来写文字，然后在文字下面配上图片，接着在时间表的中间画一个时钟，最后让孩子为图片涂颜色，增加其参与度。

做好时间表以后一定要将其贴在醒目的位置——孩子很容

易看见的地方，比如冰箱门或者电视机旁。

时间不一定要填得很满，可留一些调整的余地；将关键的事情，比如看电视、睡觉、吃饭的时间标清楚即可。

第4节
商品与交换

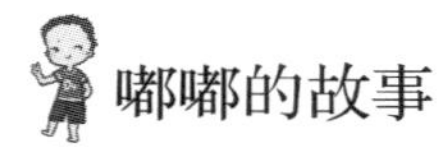

嘟嘟的故事

一天，我正在整理东西，嘟嘟突然在杂物中发现了一个新玩具，那是妹妹出生的时候朋友送的。当时觉得他的玩具不少，索性就藏起来了。嘟嘟想要玩，我心想，反正他看见了，索性就给了他。

没想到，嘟嘟居然没有拆包装，而是捧着盒子欣赏了好一会儿，接着原封不动地捧回来，还微笑地对我说："妈妈，送给你个礼物吧！"

说完，他把那个玩具塞进我的怀里。

我大吃一惊，心想：没见过我儿子这么大方啊？

"妈妈，你喜欢我送给你的礼物吗？"嘟嘟看着我问道。

"喜欢。"我笑着说。

“那你拆开来玩吧！”

……

原来套路在这里。

不过，我决定不上当，于是点点头说：“好啊，那既然你送给我了，就是我的玩具了，你可不能玩啊！”

“嗯，我不玩。不过，我们可以分享啊。”

“分享”这个词现在被嘟嘟用得出神入化。

于是，我决定跳过第二个套路，对嘟嘟说：“既然要分享，你总要拿出可以跟我交换的东西啊。我有这么棒的玩具，你要用什么跟我分享呢？”

嘟嘟拿出了他的吸铁石小火车、玩具挖斗车等，但我一律摇头。

几个回合之后，我稍微有点心软了，开始提示说：“其实，不一定要用玩具交换啊，你想想妈妈最喜欢什么啊？”比如，亲亲、抱抱，夸我漂亮，说他很爱很爱我之类的，我在心里默默补充着。

他似乎领悟到了我的提示，转身拿出我平时用的瑜伽垫（大约觉得这可能是我喜欢的东西？）。

我没有得到拥抱，有点不开心，不想和他交换。

于是，嘟嘟开始对我进行游说：

"妈妈，这个瑜伽垫很舒服的，你可以躺在上面啊！"

"妈妈，你躺在上面还可以像我这样把一只脚抬起来，很舒服很舒服啊！"

他一边说还一边躺在上面示范，抬起一条胖腿，闭上眼睛摇头晃脑，做出十分舒服的表情。

我一个没忍住，笑出声来。

最后，我妥协了，为他拆开了包装，他十分开心地玩起了新玩具。

没想到，在我的"百般刁难"之下，嘟嘟居然展现出不俗的销售技能，这个发现让我十分意外。

水湄有话说：让孩子get交换的乐趣

我在JA中国（Junior Achievement 国际青年成就组织，全球最大的非营利教育机构之一）的时候，曾经给一个学校的初中生做经济学的培训。一般初中生对经济学的概念还非常模糊，因此，课程一定要设计得有意思，大家才愿意参与进来。

我给全班四十多人，每人发了一张纸，上面写着：你需要的东西及数量，你拥有的东西及数量，比如：你需要1 000个鸡蛋，你拥有1吨煤炭，等等。

接下来，学生的任务就是用自己拥有的东西，去交换需要的东西，直到需要的东西达到所需的数量为止。交换不限次数，谁先达到标准，谁就胜出。

初中生们刚拿到纸条都有点摸不着头脑，但在老师的讲解和鼓励下，逐渐明白了该怎么做，于是开始向同桌询问：

“你有什么呀？”

“你要什么呀？”

“哦……我没有……”

“哈！我刚好有！”

于是，大家很快开始了“市场交换”，气氛相当活跃。然而，最后只有寥寥数人达成交易，获得了自己需要的东西；大多数人要么是写了一长串交易记录，换了一大堆自己不需要的东西；要么是交易记录非常少，只是为了找到需求和供给刚好匹配的人，结果并没有得到自己需要的物品。

其实，这就是一个“商品和交换”的经济学缩影。

财经专业的学生都有体会，“交换”是经济学原理中的重要考点，因为它是市场经济蓬勃发展的基础。当你生产的东西，不是用于自给自足，而是想换回更多样化的东西，收获更多满足感时，就需要和别人交换。

不过对孩子来说，不用延伸这么多，我们只要让他们知道：如果自己想要什么东西，就一定要拿出东西来跟对方进行“交换”。就像嘟嘟想玩“妈妈”的玩具，就一定要拿妈妈喜欢的东西来和她交换，孩子得明白这样一个道理：别人并没有无限满足你所有需求的义务，而“交换”会让双方的需求都得到满足。《第一本经济学》中讲到，“在进行交换的时候，交换的双方都期望从中受益，只要交换是自愿和正当的，换句话说，只要交换不是用强迫或者欺骗的手段进行的，那么人们互相交换财产就能更多地满足各自的目的。”

当然，如果嘟嘟拥有的东西（瑜伽垫）并不是妈妈想要的，妈妈也可以提醒他做市场调研（问妈妈想要什么），然后了解妈妈的真实需求（亲亲和爱的抱抱），这样就可以成功地达成交换。

不过，这也不妨碍有天赋的孩子，会给用户“创造”需求，比如嘟嘟告诉妈妈瑜伽垫非常舒服，这就在无形中增长了他的销售技能。最后，妈妈感觉很幸福，嘟嘟也换到了他想要的玩具，可以说，这次“市场交换”就是一个双方受益的活动。

情景延伸：直接交换or间接交换

对于孩子来说，和父母的积极互动很重要。《正面管教》这本书里提过一个建议，家长和孩子可以共同安排一个“特别时光”——可以是一小时共处时光，也可以是整个下午的共处时光——在这段时间里，你和孩子独属于自己的小世界。当孩子期待和你共处那段特别时光时，他们会感到归属感和价值感，并感觉他们对你特别重要。在经济活动中，不论直接交换还是间接交换，都会让孩子体会到自己在这项活动中发挥的重要价值。

我记得连岳先生写过一篇文章叫《不浪费孩子天分的两条判断原则》，其中讨论了这样一件事。一个读者妈妈来信说，10岁的孩子上课时发现自己忘了带钢笔，于是借同桌的钢笔用了一天，后来觉得不好意思，便给了同桌1元钱。这个妈妈告诉孩子，向同学表示感激很好，但最好不要用钱。可是为什么不要用钱，她自己也说不出个所以然。而连岳先生的回复是：女儿做得挺好。

在钱（也就是货币）还未出现之前，我们只能靠物物交易，这是一种直接交易，就像初中生们拿着任务纸条，寻找愿意和他们交换的人；直接交易是人类社会早期的、低端的交易方式，它相当低效。

而货币出现之后，我们就有了“钱”这一个共同的媒介，可以用钱去买需要的商品，这就出现了间接交易，而这种交易更为快捷和有效。

在这个故事里，女孩为了答谢同桌，给了同桌1元钱，同桌便可以用这1元钱去买想要的物品。女孩在没有家长引导的情况下，自己会用货币进行间接交易，这本身就是一种天赋，身为父母的我们要善于发现，并挖掘出孩子的天赋。

那如何做呢？连岳先生提出了两点建议：一，孩子在身体上和财产上有没有受到伤害；二，孩子有没有伤害他人的身体，或者损害他人的财产？

如果都没有，那就是自愿交易，父母哪怕暂时不能理解，也可以不予理睬。孩子花1元钱向同学租借了钢笔的半天使用权，符合上述两点。

若是父母了解经济学常识，那么就可以对孩子进行引导，让他们的天分得到充分的施展。

亲子游戏：和孩子模拟物物交换

第一步：挑出爸爸妈妈都在家的一天，约定作为孩子的“特别时光”，如果能邀请爷爷奶奶、外公外婆等更多家庭成员参与进来，就更好了。

第二步：准备任务卡，每个人分1张，上面注明你拥有的东西，和你想要的东西。注意：拥有的和想要的东西，不能有2张是完全匹配的。比如：你有3个橘子，需要2个苹果；我有2个苹果，需要3个橘子。出现这样的情况，就没办法促成更多的交换。

第三步：记下每一次交易的过程，让孩子体会“交换”的好处。

第5节
货币与分享

嘟嘟的故事

嘟嘟四岁半的时候，虽然已经学会数数了，然而对钞票的面值还不是特别理解。比如，让他去楼下的小卖部买牛奶，比柜台还矮一点的他，靠着不断挥舞20元纸币终于赢得了营业员的注意，最后顺利换回两罐旺仔牛奶和一些零钱——1张5元纸币和3张1元纸币。他立即沉浸在明明送出去一张钞票，却换回来4张钞票的喜悦之中。

看来，他对货币已经有些感觉了。

什么，你说四岁半进行货币教育太早？No！财商教育永远不嫌小。

有一次，我从同事那里拿回一盒团建活动剩下的蓝莓，双胞胎刚想冲上去拿一颗吃，那一盒蓝莓却被嘟嘟紧紧地护在了胸口。他就像小熊维尼保护自己的蜂蜜那样，一脸紧张地看着妹妹们，并不时从盒子里掏出蓝莓往自己嘴里塞。

按照常理，作为妈妈的我应该教育嘟嘟，让他把水果与妹妹们分享。但我并没有这样做，而是从口袋里掏出了两张1元纸币，招呼小棒冰和小雪糕过来，递给她们一人一张，并且对她们说："去，给哥哥，换蓝莓吃。"

没想到，不到两岁的小棒冰和小雪糕立刻明白了手中这张纸的价值，她俩完全没有像平时那样低头观察手上纸张的图案，也没有顺手撕毁纸币，而是毫不犹豫地挥舞着纸币直奔哥哥，把钱塞到哥哥手中之后，立即手指蓝莓盒子，表示银货要两讫——你既然收了钱，就应该一手交钱一手交货。

再看此时的嘟嘟，刚才独霸蓝莓谁也不能近身的气势完全消失了，在金钱的攻击下，他立即眉开眼笑地接过钱，迅速打开蓝莓盒，让两个妹妹狠狠地抓了一大把。

嘟嘟像是一个熟练掌握了经商之道的商人，他高举起蓝莓盒子，卖力地大声吆喝着"还有蓝莓，还有蓝莓，谁来买啊，谁来买啊。"

两位妹妹将手中所有的蓝莓塞进嘴中后，立即转身走向我，并伸手要钱。因为急于得到钱，小雪糕还把沾满了蓝莓汁的手往我簇新的真丝裤子上蹭。

但是，我口袋里此时只有一张1元和一张5元的纸币了，无奈地在索取了双胞胎姐妹一人一个吻后，把钱给了二人。姐妹俩得到钱后，又挥舞着纸币往哥哥那边换蓝莓去了。

嘟嘟还是像刚才一样打开蓝莓盒子，让两个妹妹各抓一把。我见状大声提醒："嘟嘟你这不公平啊，姐姐手里拿的是5元，妹妹手上拿的是1元啊。"

嘟嘟低头一看，果然如此。于是，他大声问我："妈妈，5元比1元贵对吗？"

我回答说："对，所以你应该给姐姐多一点蓝莓。"

水湄有话说：什么是贵，什么是便宜?

嘟嘟很早就认识数字了，基本上他也懂得5比1大的道理。

很多家长误认为，孩子如果能分辨数字的大小，就能分辨纸币面额的大小了。

其实事情并不是这样的。

比如"贵"和"便宜"这个概念，就是我在超市购物时，不断给嘟嘟灌输的知识。他能问出5元比1元贵，证明他已经从抽象的数字概念开始逐步理解数字在实际生活中的意义了。

对孩子普及经济学知识，从另一方面来说，也是教会他们在生活中灵活地运用数学知识，以及锻炼他们逻辑思维能力的过程。

还记得嘟嘟刚拿到蓝莓的时候，小心地藏着，偷偷往自己嘴里塞的场景吗？

然而，转身成为蓝莓水果店老板的他，一边得意扬扬地数着手里的钞票，一边大声吆喝着："还有蓝莓，还有蓝莓，谁要买吗？"

可惜，双胞胎姐妹争抢蓝莓掏空了我的钱包，嘟嘟的蓝莓没人能够购买了，于是他只能寂寞地守着存货。过了一会儿，他喃喃自语道："实在没人买，只能我自己吃了。"

但是，说完这句话的10分钟内，嘟嘟并没舍得打开蓝莓的盒子，往自己的嘴里塞一颗。因为，他已经开始意识到，他手里的是个可供交易的商品，而不仅仅是水果。

这当然是生活中很小的一个场景，但也很有意思。

在这个场景当中，双胞胎秒懂那个花花绿绿的纸片儿能够换来好吃的蓝莓，甚至有可能懂得了，不同颜色不同图案的纸片儿，能够换来的蓝莓数量是不一样的。

而嘟嘟呢，不仅懂得了5元比1元贵，还懂得了根据钱币的"贵贱"给予妹妹们不同数量的蓝莓。不仅如此，嘟嘟也懂得了蓝莓不只是一种可以吃的水果，还可以是一种可以用于买卖的商品。虽然嘟嘟可能还不知道"商品"这个词，但他懂得这样的物品可以用来换钱。

对于商品而言，吃掉它可能是个不错的主意，然而用它交换更多的钱未尝不是一个很好的选择。

情景延伸：分享？不，交换！

1. 教孩子认识货币

“钱”是什么，它从哪里来？这两个问题，其实并不容易回答，因为许多家长可能并不清楚“钱”到底是什么。受过经济学教育的人可能知道，钱其实就是一种信用媒介，但是要对一个三四岁的孩子讲清楚这个道理并不容易。

我跟嘟嘟讲过原始人换购物品的故事：原始人最初是通过以物换物进行交易的，后来就用贝壳、黄金、银子这些物品作为媒介来进行交换。后来，因为这些东西容易磨损，而且笨重，于是政府就想了个办法：印制一种特殊的纸来充当媒介，这种特殊的纸便是我们用的钱。

记得看《爸爸去哪儿》第二季的时候，陆毅的孩子贝儿去给爸爸买裤子，对裤子的价格完全没有概念。老板说裤子只要30元，贝儿给了老板50元之后，完全没有等待老板找钱的意识。同样迷糊的还有吴镇宇的儿子费曼，他给爸爸挑选了一件帅气的迷彩服，老板说完30元一件时，费曼却左顾右盼，直到老板提醒才想起来要付钱，然而售价30元的迷彩服，费曼却只掏出了20元。

我不由得感叹，像明星这类能给孩子投入大把教育资源的人群，在财商的问题上，却和大多数的中国家长一样不得其法。

虽然我觉得财商教育，不用那么教条，非得让孩子在几岁认识货币、在几岁学会买东西、卖东西。但有机会，父母还是应该让孩子认识货币。

比如，父母起码应该让孩子知道，一元硬币是什么样子，可以用来做什么，也应该让孩子认识各种硬币和纸钞的面额。刚开始的时候，父母可以给孩子一些钱，让他数数一共有多少张，接下来帮助孩子认识货币，并试着让他们挑出具体金额的货币。

我有一个朋友，她的父母在银行工作。在她小时候，银行有时候会发行一些货币纪念册、纪念币之类的，因此她有机会认识了不同国家的硬币和纸币。她的母亲会为她讲每套人民币背后的故事，比如100元上面，哪个是毛主席，哪个是朱德；其他五彩斑斓的纸币上，哪些是工人、哪些是农民，背后的风景是桂林山水还是天涯海角……这都是她非常珍贵的记忆。

其实，货币的意义绝不仅仅是“钱”，其背后还蕴藏着很多文化和历史故事。我曾经看过一个欧洲国家的货币，纸钞表面设计得非常漂亮，有“美人鱼”、森林和大海，还有各种可爱的动物图案。

所以我觉得，孩子完全可以像认识不同国家的国旗那样，去认识货币。这对孩子而言，是新奇有趣的事情。

2. 学会用“钱”，就不会“分享”了？

上一节我们提到了两种“交换”——直接交换和间接交换。物物交换便是一种直接交换，而用钱交换便是间接交换。

我把嘟嘟和双胞胎的“蓝莓故事”分享给读者之后，有人质疑：“这样做会不会让孩子变得不会分享啊？什么都用钱交易，最后妹妹没钱了，他就自己吃，财商不应该教这方面吧？”

这样就引发了对“分享”这个概念的讨论。

本着科学的态度，我去查了下“分享”这个词的来源。“分享”一词出自黄六鸿的《福惠全书》：“与该房分享其利”。

我还认真查了资料，《福惠全书》实际上是一本行政操作手册，从“牙税”这个目录来看，前后文是讲牙税，也就是我们今日的企业营业税。

那么“与该房分享其利”，我大概的理解是如果税上面有了一些优惠，应该跟当时合作经营的人一起分享这个利益。也就是说，这种分享是有来由的，是大家一起干了活，或者大家一起出了钱，最后获得利益的时候才应该分享。

再来看另一个分享的案例，《诗经》里面有一句叫作：投我以木桃，报之以琼瑶。

意思就是，你送我一个果子，我送你一块美玉。虽然价值上有所差异，但实际可以看到，这种分享水果、分享美玉的行为，实际上是一种交换的行为。当然，因为两个人有感情，所以回报的价值会比较大。

举这两个例子只是想说明一点：所谓“分享”这个词，从创造出来的第一天开始，就不是毫无理由的共同享有，而是基于双方利益的享有。

一位读者说过一段话对我的触动很大，这段话是这么说的：“最讨厌分享什么，明明自己都没有享受到，却在大人的要求下被迫分享给别人。这是分享吗？这是把自己的意愿强加给孩子，这会让孩子形成自卑心理，觉得自己不配拥有好东西。分享这件事很容易学会，但取悦自己、爱自己却不容易学会，人要先爱自己才能更好地爱别人。”

3. 人首先应该爱自己

我很认同这位读者的观点。

首先，分享会让孩子觉得“自己不能拥有好东西”，只要别人看到了，就要分给别人，那这个东西就不属于我了。

其次，孩子一般没办法对未来发生的事产生观念，当大人强调说“玩一会儿就还给你”的时候，其实孩子是无从感知的。他能感受到的只是“我的玩具不属于我了”。

这位读者说的另外一个观点我也很赞同：人，首先要学会的是爱自己，如果自己的内心足够自信和充盈，他自然愿意把自己的物品分给别人。

如果让卖火柴的小女孩与别人分享一根火柴，这显然不现实，毕竟卖火柴的小女孩的物质及其匮乏。但是，如果你去请求王子，问他能不能送你一根火柴，说不定他给你的会远远高于你的需求。因为他的物质极其丰富，不觉得分享出去会有问题。

这看上去是物质，但是对于孩子来说，其实他很难将物质和精神分割开来。小朋友的玩具对他而言，不仅仅是玩具，也是他精神世界的一部分，是他取悦自己的一种方式。

那么，很多家长会说，如果不讲“分享”，会不会让孩子养成霸道和爱吃独食的坏习惯。

这个担心的确不是没有道理，但我还是不会跟自己的孩子讲“分享”。

我教育孩子遵循这样一个逻辑，儿童的世界应该是成人世界的预演，可以比成人世界简单，但是逻辑和规则不可以与成人世界不一样。

比如小猫会玩毛球，那是它在预演成年后的场景——抓老鼠；小羚羊会用角顶石头，那是它在预演成年之后的场景——用角顶敌人。可是，我们不会教小猫用头顶石头，也不会教小羚羊玩毛球。请想象一下，如果小猫长大了用头顶老鼠，小羚羊长大了用前蹄抓老虎，那不是乱套了吗？

很多家长在教育孩子的问题上，总会犯类似的错误。比如，很多家长在孩子小的时候，总对孩子说："你只管好好读书，别的事情都不要管。"然而，等到孩子大学毕业找工作时，家长突然说："你怎么不会交际啊，你怎么不会谈恋爱啊，你怎么迟迟找不到工作啊？"

孩子在小时候听从父母的指示专心读书，什么也不管，长大后却突然被告知规则变了。孩子该如何应对这一切呢？

我们接着回到"分享"这个问题上来。举个简单的例子，假如你买了个最新的无人机正在玩，突然冲过来一个陌生人，说他也想玩，你会分享给他吗？

我猜你应该不会。

但是，如果对方是你的同事或者朋友，你会分享给他吗？

我猜，你可能会。

原因很简单，其实这不是"分享"，而是"交换"。

你潜意识里知道，如果你不把无人机给这个朋友玩，你们的友谊就会有障碍，也许未来他请客吃饭就不会叫上你，你有事给他打电话，他也不会接。

成人世界里，没有“分享”，只有“交换”。

当然，这种交换可以不局限于物质，也可能是感情上的。我从来没有看到过永远单方面付出的友谊，而永远单方面付出的爱情通常也难以持久。

让嘟嘟明白这个规则也很简单，我会跟他说，如果你不愿意把玩具给妹妹或者其他小朋友玩，那么也不要指望别人把他们的玩具给你玩。

在家里，我甚至会和孩子强调“这是爸爸的酸奶”“妈妈的西瓜”“妈妈的手机”，如果他们要吃要玩，要拿东西来换。

我不会强迫嘟嘟将自己喜欢的物品分享给别人，也不会强迫嘟嘟拥有分享的意识，但我相信，只要他的物质和精神足够充盈，他会自愿地将自己的物品分享给别人的。

亲子游戏：用钱去交换

给孩子一堆纸币（零钱就可以），刚开始的时候让他数数一共有多少张。然后，可以带着孩子到家附近的小卖部，让他选一样自己想要的零食，接着鼓励他自己到柜台去付钱。最后，和他数一数换回来的钱，并让他分享一下感受。

第6节
财商推荐：
动画《巴菲特神秘俱乐部》

这一节是关于儿童财商的一个动画片推荐。

《巴菲特神秘俱乐部》，又叫《神秘百万富翁俱乐部》（*Secret Millionaires Club*），这是全球著名投资商沃伦·巴菲特本人亲自参与策划、亲自配音，由美国在线（AOL）制作的一部大型财商教育动画系列片。

鉴于我对财商教育的兴趣，所以打算把第一集的概要写出来，并且配上一些自己的理解，给对儿童财商教育有兴趣的家长们参考。

第一集主要出场人物：

女生埃琳娜、黑头发的布列塔尼、金头发的琼斯和白头发的巴菲特。

第一集概要：

埃琳娜的好朋友布列塔尼有个柠檬汽水摊，卖柠檬汽水的目的是筹集102美元的班级旅行经费。

巴菲特听说后对此大大赞扬道：这种通过自己努力筹集旅行经费的做法，真的非常有企业家精神。

可是布列塔尼遇到了严重的经营问题，她的销售额直线下降，根本就没有人来买她的柠檬汽水！她只剩下24小时了！

于是“秘密百万富翁俱乐部”举行集会研究讨论她面临的问题，并力求找出解决方案。

大家在会上纷纷提出了自己的设想。

琼斯从质量的角度提出设想，也许柠檬汽水是用不新鲜的柠檬制成的？不过埃琳娜否定了这个设想，柠檬汽水的质量是过关的。

琼斯又提出，是不是周围存在很多卖柠檬汽水的小摊，即布列塔尼会遭遇严峻的竞争态势呢？埃琳娜也否定了这个设想，说整条街道只有那一个柠檬汽水摊，完完全全的垄断经营。

琼斯最后提出，可能是布列塔尼的柠檬汽水卖得太贵了，所以才无人问津。但这一点也被埃琳娜否决了，柠檬汽水价格没有问题。

结论是：质量没问题、没有竞争对手、价格也合适，那为什么柠檬汽水还会卖不出去呢?

这时候，巴菲特适时出场了，他提示说，在零售行业中，除了产品质量、竞争对手和商品价格这三点，还会存在什么问题呢?

此时又是好动脑筋的琼斯提出：也许柠檬汽水是根本没有任何市场需求的。

巴菲特首先表扬了这种设想，这是一个可能的角度，但巴菲特说他自己就很喜欢喝柠檬汽水，所以没有市场需求这个说法不成立。虽然个案不能推导出这个结论，但是对于孩子来说，这是比较容易理解的逻辑。

最后因为埃琳娜无意中弄掉了琼斯在手中把玩的球，琼斯说找不到球，也找不到问题的解决方案。埃琳娜从“找不到”这个词中捕捉到了灵感，发现柠檬汽水的摊位实际上远离人流，处在一个消费者根本找不到的地理位置上。

巴菲特此时出来总结陈词了。

他表示埃琳娜已经解开了这个谜。为了建立庞大的客户群，零售业务必须选取一个良好的位置。

他举例说，同一个商店，是位处一条小街的生意好呢，还是位处一条大街的生意会比较好？毫无疑问，当然是位于地理位置好的大街上的商店生意会比较好。

针对这个问题，大家终于商议出了解决方案，即把柠檬汽水的摊位设在了人来人往的足球场上。

最后，巴菲特总结说：记住，如果人们不光顾你的生意，你就把生意带到他们跟前。他同时还引申说，好位置不仅仅在零售中是非常重要的，在生活中也可能很重要。比如在学校的教室里，占据一个好位置，往往就可以更好地集中注意力听老师讲课，从而获得更好的学习成绩。

水湄有话说：最好的投资，就是投资自己

如果你看完这集动画片，得到的启示只是地理位置对于商业是非常重要的，那可能就过于简单了。

在动画片中有这样一个人物——善于思考的琼斯。尽管他没有挖掘出最后的问题，但是各种关于汽水摊生意不好的原因设想都是他提出来的。虽然有一些设想看似很不靠谱，例如柠檬汽水根本没有市场需求这样的设想。

但是在商业上，奇思妙想非常重要，大胆设想，小心求证，才能走出与众不同的路来。

在这一集的末尾，巴菲特也讲出好位置不仅仅在零售业中非常重要，在实际生活中也非常重要，他还以在学校上课时应该找个好位子来举例进行说明。

这部动画片每一集都非常短，刨除片头片尾大约只有不到4

分钟的时间，可是这短短几分钟的时间便将一个故事讲述得异常清楚。如何通过这个片子对孩子更好地进行财商教育呢？我觉得可以采用以下几个步骤：

1. 把故事梗概告诉孩子，但不要说出解决方案。

2. 请孩子提出自己的解决方案，比如，让孩子自己分析柠檬汽水卖不掉可能是什么原因引起的。其实除了片子里所说的原因，还可能有很多原因，比如，天气不热，大家不想喝汽水；又或者，店主不会营销，不会吆喝；还有可能，新闻上刚刚报道了一则有个孩子喝了柠檬汽水就拉肚子的消息，所以大家不敢喝，等等。

引导孩子像琼斯一样，针对一个问题提出各种设想。也可以通过比赛的方式，家长提出一个设想，孩子提出一个设想，看谁提出的角度更多更新。

3. 引导孩子思考一个“好位置”在生活中有多重要。可以在带着孩子去看演出或电影的时候，引导孩子思考“好的位置有多重要”。一些儿童剧场中，前排座位的票价可能比后排贵得多，引导他们思考“好位置”为什么会产生商业溢价。

最后，附上这部动画片每一集结尾，巴菲特都会说的一句总结：你所能做的最好的投资，就是投资自己！

Part 2
走出去：外面世界的财商

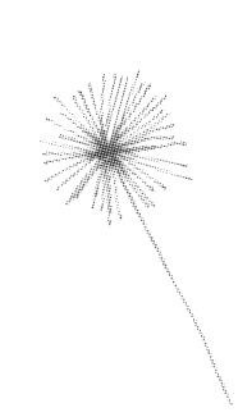

第 1 节
资源与稀缺：
嘟嘟，你知道坐一次出租车要多少钱吗

嘟嘟的故事

有一个周五，照例轮到我带孩子，我们俩在外面吃过饭后准备回家。一般小熊会开车来接我们，可是今天他的身体有点不舒服，于是我对嘟嘟说："嘟嘟，我们自己回去吧。"

我问他："坐中巴车回去还是叫出租车回去？"

嘟嘟豪气地大手一挥："叫出租车吧。"

"可是，坐中巴车只需要1元钱，坐出租车却需要16元。"我说。

嘟嘟眨巴眨巴眼睛，他已经明白16肯定比1大，但不到四岁的他，还不能完全理解这到底是什么意思。

于是我换了一种说法："16元要比1元贵，这么说吧，妈妈的钱是有限的，如果我们坐出租车回去的话，你就连续两天都不能喝酸奶了。"嘟嘟平时最喜欢喝酸奶，面对这样的问题，他的小脑筋迅速转动起来，最后做出了明智的选择："那我们还是坐中巴车吧。"

但是不巧，中巴车的末班车在我们眼前开走了。我们两人最后还是坐上了出租车，嘟嘟在车上反复跟我确认："妈妈，两天的酸奶没有了吗？没有了吗？"

我看着他急切的样子特别想笑，但还是忍住了，我认真地对他说："是的，因为我们今天坐了出租车，所以接下来的两天你不能喝酸奶了。"

水湄有话说：经济学的第一课

在我读MBA的整个期间，对我影响最大的有两本书，一本是菲利普·科特勒的《市场营销》，一本是尼可拉斯·格里高利·曼昆的《经济学原理》。翻开曼昆的《经济学原理》，第一章的第一句话便是："经济这一词来源于希腊语，其意思为'管理一个家庭的人'"。其实，家庭与经济有许多共同之处。

一个家庭必须要面临很多决策，谁做饭，谁洗衣，谁打扫卫生，等等。由此，曼昆引入了经济学最为重要的一条原理——人们面临交替关系。

简单来说，就是当你选择了一样东西，就不能选择另一样东西，因为资源是有限的。在嘟嘟的这个例子中，他的资源是金钱，妈妈告诉他，钱是有限的，你可以选择坐出租车或喝酸奶。

嘟嘟更喜欢酸奶，为了喝酸奶，他宁愿坐中巴车，然后走路回家，从而放弃坐出租车的想法。

情景延伸：当孩子说“我们打车吧”该怎么办？

我猜应该有很多父母都遇见过类似的情况，带着去游乐园玩，出门去逛街，或者回家的时候，孩子会很随意地说“打个车吧”。

大部分擅长教育的家长，会在这个时候蹲下来认真地跟孩子进行所谓的“财商教育”和“品格教育”。告诉孩子，我们应该注意节约，我们要养成节俭的好习惯。

但这种教育的结果通常都是——根本没用。

因为孩子根本不懂为什么要节俭，为什么节俭是个好习惯，他们会觉得，明明打车可以更轻松，更节约时间，爸爸妈妈为什么非得舍近求远呢？

孩子并没有面临“资源匮乏”的困境。因此，他无法像曼昆定义的一个“理性的社会人”那样做出理性的经济决策。

孩子们觉得资源（金钱）是充足的，爸爸妈妈不肯打车，可能是“故意为难我”或者“故意考验我”，只要我撒个娇，求求爸爸妈妈，就一定能达到目的！

在我看来，财商培养远远不是“让孩子认识货币”和告诉他“你一定要赚大钱”这种直接而肤浅的东西。经济学的本质就是做出明智的选择，人生的本质也是如此。

经济学研究是人和组织会把有限的资源（金钱）投到哪里去，以及人和组织如何进行相互影响。而人生，就是研究应该把个人有限的资源（时间、金钱、兴趣）投入到哪些地方，才能实现自己的理想。在这个过程中，周围的人和社会文化会影响到个人的决策。

从这一点来说，财商教育是如此重要，甚至远远超过学英语和学奥数。

而对于孩子来说，口头教育往往是最没有效果的。最好的教育，是让他早一点真正面临资源稀缺性的困境，从而指导他的选择。

去超市的时候，我会对嘟嘟说，你只可以选择一样零食，你会选什么？如果是大一点的孩子，就可以给予他一个预算，让他选择一套组合。

去商场的时候，我会对嘟嘟说，你可以选择一样玩具，不超过100元，你会选什么？

如果孩子需要经常面临这样的决策，那么他就会开始综合考虑，例如自己的兴趣、性价比，以及是否需要等要素。

 亲子游戏：小当家游戏

给孩子100元钱，让他全权负责一次家庭采购任务。

首先预定好需要买的东西，然后家长把钱的支配权交给孩子，要充分地相信孩子的选择能力。当然，必要的时候，父母可以当孩子的参谋司令，帮助孩子分析物品的使用价值。

比如，拿到两瓶容量相同、价格不同的酸奶，让孩子比较一下有什么不一样，比如品牌、口味或者折扣因素，来让孩子选择一个更划算的酸奶。

第 2 节
延迟满足：
嘟嘟，你想要现在买，还是等会儿买

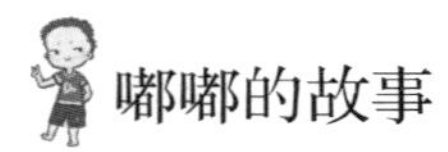

嘟嘟的故事

有一个周末，我照例带着嘟嘟出门，结果出地铁站一看，外面下起了倾盆大雨。我俩只好在地铁上面的商场闲逛。

走进商场，我们先买了一杯鲜榨橙汁满足自己的口腹之欲，然后随意地看商场店铺中摆放的商品。

有一家小店门口摆了一排小汽车和玩具，我看嘟嘟腿都挪不开的样子，提醒他说："今天可以买玩具，不过只能买一件，可以吗？"

嘟嘟爽快地答应："可以。"

他绕着小店的玩具看了两圈，走过汽车的时候，目光恋恋不舍，还试探地问我："不能买汽车，对吗？"

"可以买汽车，也可以买其他玩具，但是只能买一件。"我继续贯彻自己的原则。

这时，嘟嘟又看到了一件心仪的玩具。

老实说我都没看明白那到底是什么东西，直觉是塑料制品，看上去有一些廉价，也不是他所熟悉的任何动画片的周边，我有些诧异为什么嘟嘟会选中。

"这是什么东西啊？嘟嘟，我们今天刚出门，你接下来可能会看到更好玩的玩具，但你今天只能买一件玩具，你考虑好了吗？"

"考虑好了！"嘟嘟斩钉截铁地回答。

于是，我买下了那件玩具，嘟嘟如获至宝地捧在手上。

后来，我才知道那件玩具叫作"爆裂飞车"。而嘟嘟的爆裂飞车之旅就是从这件他偶尔选择的玩具开始的，他先是通过认字的妈妈知道了这件玩具名叫爆裂飞车，然后靠着爷爷找到了好几季的《爆裂飞车》动画片，现在，爆裂飞车的家庭排名已经超过了爸爸，快要赶超妹妹了，连在榜首的妈妈也感受到了威胁。当然，这些都是后话了。

那天，我们一路逛到了位于商场5层的孩之宝。

那里真不愧为孩之宝啊，嘟嘟喜欢的超级飞侠、乐高积木、汪汪队和小马宝莉都有。除此之外，那里还有他热爱的挖掘机、大卡车和各种飞机以及很多他从来没有见过的超级好玩的玩具。只见嘟嘟欣喜地拿起这个，又开心地拿起另外一个。

“你已经买了一件玩具了，所以今天你就不能再买玩具了！”身为妈妈的我狠心地提醒他。

嘟嘟在孩之宝待了两个多小时，试玩了各种玩具，直到下午一点四十，我连拖带拽地将他带去吃饭，他才依依不舍地放下玩具。

坐在餐厅里，趁着等餐的时间，我开始了对嘟嘟的一番教育。

“嘟嘟，你是不是有点后悔那么早买了玩具？”

他点点头。

“妈妈告诉你，你在楼下买的玩具，孩之宝也有，还便宜了10元钱呢！”

“便宜10元钱是什么意思？”3岁的嘟嘟，虽然认识钱的面值，知道5比1大，但对于贵和便宜还没有足够的概念。

“意思就是——本来妈妈可以给你多点一个布丁的，但刚才多花了10元钱现在就不能给你点了！”在教育孩子的时候，家长可以用具体的东西代替抽象的金钱。

“哦，这样啊。”嘟嘟应了一声，接着便沉默了，他很喜欢吃布丁。

“而且，孩之宝里面还有其他样式的爆裂飞车供你选择，除了你买的那个绿色的，还有紫色和蓝色的，对吗？”

“对啊，那个蓝色的比我买的那个还要大！”嘟嘟有点不甘心。

“可是你很早就买好了玩具，所以就没有办法选择其他的玩具了，如果你可以多一点点耐心，你就可以选一个你最喜欢的玩具了。”

嘟嘟点点头，不过还是嘴硬地说：“现在这个玩具我也很喜欢。”

水湄有话说：一次只买一件

相信很多父母经常遇到这样的场景。孩子看到玩具，小手就紧紧地攥着你的衣角，愣是挪不开步子，一双眼睛直勾勾地盯着小汽车、超人、洋娃娃，然后用恳求的目光看着你，并央求道：“妈妈，我要这个。”

为了让孩子开心，很多父母面对孩子的恳求，都会忍不住心软掏钱。可是，很多时候，玩具买回来之后孩子玩一会儿就扔到一边了。

家长应该怎么处理这种情况呢？

很简单，事先跟孩子说好原则，并且坚决贯彻执行，就跟我在嘟嘟的故事里定的原则一样——“可以买汽车，也可以买其他的玩具，但只能买一件。”

这样孩子就能慢慢学会取舍，等到他们上了小学、初中，有了自己的社交圈，就能够自己支配家长定期给的生活费了，比如：在学校的食堂选择菜品、和朋友出去逛街选择服装、朋友生日为其挑选生日礼物等。

有些家长可能会问：花钱的主动权完全在自己手里时，孩子就会使出“十八般武艺”，撒泼打滚逼你就范；一旦把钱都给他们了，那他们还不想怎么花就怎么花吗?

的确，我就认识一个妈妈，她的女儿妮妮是2004年出生的，现在上初一。妮妮住校，只能周末的时候回家，妈妈需要每周给她一些生活费。

但是，妮妮拿到生活费之后，既不充饭卡也不好好吃饭，而是偷偷将钱攒起来打游戏，或者买其他喜欢的物品。妮妮的爸爸看到女儿没钱吃饭，就给妮妮更多的钱。结果，妮妮并没有把钱用来买饭，而是继续用来“玩乐”。

情景延伸：克制消费冲动

嘟嘟和妮妮的故事，引出了一个很典型的概念——克制消费冲动。

克制消费冲动是很重要的一种财商能力，这项财商能力即使很多成年人也依然欠缺。

我自认是一个消费习惯还不错的人，做了理财教育之后，我接触了很多月光族、剁手族，他们大部分人都跟3岁的嘟嘟一样，克制不住自己的消费冲动，不能在更大的范围内进行理性的选择。

这并不仅仅是花钱多、存不下钱的问题，这类人还往往无法延迟满足。他们看见蛋糕、冰激凌就马上要吃，从而导致减肥失败；看到喜欢的东西就马上要买，所以把钱花得精光。他们只执着于眼前的、短期的满足感，而无法克制欲望，来得到更长远的满足。

著名的棉花糖试验，就测试了儿童是否有延迟满足的能力。棉花糖试验是美国斯坦福大学的沃尔特·米歇尔博士在1966年到1970年之间，在幼儿园进行的有关自制力的一系列心理学经典实验。在这些实验中，小孩子可以选择一样物品当成奖励（有时是棉花糖，有时是曲奇饼、巧克力等），或者选择等待一段时间直到实验者返回房间（通常为15分钟），得到相同的两个奖励。大部分孩子无法克制欲望吃掉了眼前的棉花糖，而只有少部分儿童克制住吃棉花糖的冲动，最终等来了更多的奖励。

购买爆裂飞车的经历，对嘟嘟来说是一个宝贵的消费经验。他由此了解到，如果可以克制当时的消费冲动，他就有可能多得到一个布丁，或者在之后买到他更喜欢的玩具。

我想，下一次遇见这种情况，他应该懂得如何选择更为合适。

孩子对世界充满了好奇，对好玩、有趣东西的感觉极为敏锐，因此他们对刺激物的反应也比成年人要强烈，色彩鲜艳的包装可以带给孩子视觉上的冲击，而香甜芬芳的蛋糕则给孩子的嗅觉和味觉都带来了新奇的体验。

站在孩子的角度来看，见到喜欢的东西就为之着迷，这是人类欲望的趋向性。孩子本身没有什么消费意识，对金钱也没什么概念，只知道钱可以买来自己喜欢的东西。再加上小孩子的自控力较差，不明白什么是预算；所以，要改掉孩子乱花钱的毛病，就要从提升孩子的自控力开始。

1. 理解孩子的局限

想要提升孩子的自控力，首先我们就要清楚孩子的发展阶段，理解他们的局限。

孩子的自控力好不好，很大程度上取决于他的年龄。3~7岁是孩子自控力变化最大的时候，我们常常能看到，三四岁的孩子，不开心时动辄赖在地上打滚哭闹，可是到了六七岁之后，孩子通常会变得守规矩、懂礼貌了。这是因为大脑中负责自我控制的额叶区这时候比较成熟了。

在综艺节目《爸爸去哪儿》第二季里面，黄磊的女儿多多带着陆毅的女儿贝儿去买东西，6岁的贝儿看到喜欢的鞋子忍不住要买，但8岁的多多却能控制住自己冲动购买的行为，牢记自己消费的目标。这除了表现出家庭教育的差异之外，还有年龄不同、自控力不同的因素在其中。

所以，如果要给孩子买东西，就要事先跟他说好，一次只能买一件；而给孩子零用钱的时候，也要短周期、小金额。

比如，平时家长每个月总共要给孩子100元钱的零花钱，但是发现孩子总是两三天就花完了。那么这时家长就需要改变一下策略，改为每个星期给25元钱，周期变短，金额变少，但是每月总金额不变。

这样做可以协助孩子控制使用金钱，等孩子再长大一些，已经可以有效地控制和管理自己的零花钱的时候，再改为每个月给。

2. 信任孩子，多与其沟通

除此之外，对孩子怎样支配周期内的花销，尽量不要干涉。

每个孩子在一开始领到零花钱的时候，都是兴奋的。对于如何使用零花钱，已经在脑海里幻想了无数次。可能一开始孩子没控制住，乱花了几次，但是孩子独自支配钱的次数多了，再加上父母的正确引导，就会建立起自己的消费观和价值观，慢慢地就不会乱花了。

最后，家长可以在孩子消费过后，及时和孩子沟通购物后的感受，可以问问他：

这次消费买了什么？

是否是合理的？

自己是否满意？

……

通过沟通交流，家长慢慢引导孩子树立正确的消费观。

亲子游戏：5W花钱法则

教孩子用5W的方法写购物日记，孩子还小的时候，家长可以先帮他记，等到他长大了，就可以自己写了。

1. 5W花钱法则

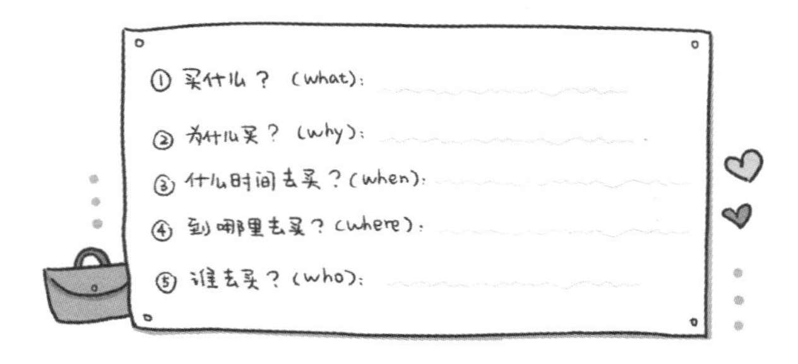

2. 记购物日记

举个例子——《嘟嘟的购物日记》：

日期：周六（WHEN），天气：大雨

今天，妈妈带我去地铁站的商店溜达（WHERE）。我看到一辆爆裂飞车（WHAT），很喜欢（WHY），于是就让妈妈给我买了（WHO）。

后来我们去了孩之宝，发现里面有很多更好的玩具，我都想买，但是妈妈说只能买一件，我已经买过了，就不能再买了。

没办法，下次我一定要好好挑一挑。虽然爆裂飞车我很喜欢，但中午没吃到布丁，还是有点可惜。

这次我知道，布丁可以有，更喜欢的玩具也可以有，但就像妈妈说的，要有耐心。

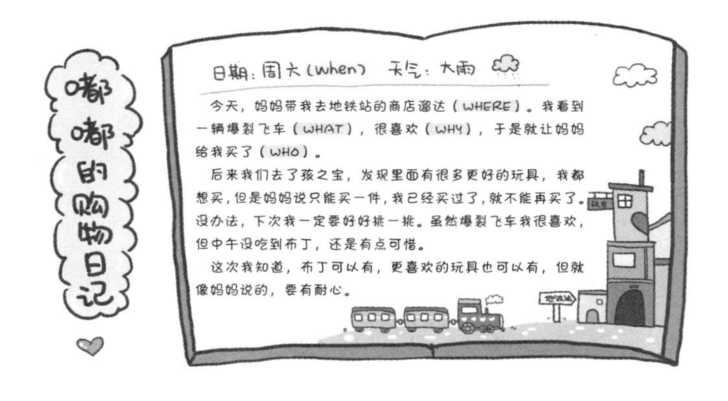

第3节
比较优势：
我应该让阿姨做虾酱吗

嘟嘟的故事

又是一个周末，我带着嘟嘟、两个阿姨和双胞胎出门，一行6人在外逛了七八个小时。我们去了两个儿童图书馆，坐了三次地铁，又逛了好几个商厦。

双胞胎热爱H&M巨大的楼梯，在里面爬得满手是灰，嘟嘟则喜欢儿童图书馆里的各类书籍。

当然，外出活动中，大家最喜欢的环节还是——下午茶！双胞胎妹妹喝完了自带的奶粉后开始玩，双胞胎姐姐喝掉半杯西瓜汁，并吃掉了一个巨大的虾饺，最后还把盘子端起来舔了个干净，嘟嘟则干掉两个流沙包和一杯香蕉牛奶。

不过让我和阿姨最满意的菜是虾酱空心菜，这也是我在每次光临港式茶餐厅时必点的素菜之一。

两个阿姨似乎都没吃过虾酱空心菜。于是我讲了下虾酱大概是怎么做的：鲜虾洗净沥水称下重量，然后按500克虾100克盐的比例把盐和沥好水的虾一起放进食品调理机里，搅拌成泥后倒入干净的容器内，最后在容器口罩上纱布，把容器放在阳光充足的地方自然发酵。为了发酵均匀，需要每天揭开纱布，用干燥消毒过的筷子搅拌一次，半个月左右即可食用。虾酱发酵好后颜色是红的，可将发酵好后的虾酱盖上盖子放入冰箱，然后随吃随取。

周阿姨听后说："原来这么简单，回去我自己做。"

可问题来了，我应该让阿姨做虾酱吗？

水湄有话说：比较优势，告诉你答案

这里我们又要引入一个专业术语——比较优势。

比较优势的定义是：一个生产者以低于另一个生产者的机会成本生产某种物品的能力。即当某一个生产者以比另一个生产者更低的机会成本来生产产品时，我们称这个生产者在这种产品和服务上具有比较优势。

只讲定义还是有点抽象，还是来举个例子进行说明吧！

假设在淘宝店上有一个自制虾酱的人，我们暂且称他为A，再假设周阿姨比A做虾酱用料考究，操作过程也更卫生，而且成本更为低廉。那么，我是否应该让周阿姨做虾酱呢？

不，周阿姨的主要职责是给我公司的同事做午饭以及帮我带双胞胎。如果她花去一个小时做虾酱，可能公司午饭的质量就会下降，也可能在照料双胞胎时就会出现一定的疏忽。总之，虽然周阿姨在做虾酱时可能用料和卫生都远优于A，但因为周阿姨在做饭和照顾孩子方面有比较优势，所以我还是拒绝了周阿姨做虾酱的建议，让她安心做好本职工作。

这件事对生活有意义吗？

有很大的意义！

情景延伸：你不必让孩子十项全能

我所遇见过的最聪明的、最有能力的人，比如我家先生小熊，再比如我们的合伙人Robin，都有一个绕不过去的坎儿。

那就是，明明我自己写代码更快、更好，为什么还要让能力不如我的人去做呢？

我公司所有能力强的伙伴们初转管理岗位时，都遇到过这样的迷惑。

为什么要转岗？原因很简单——比较优势。

拿Lip来举例，他写代码能力不错，做直播的能力也不错。假设这个时候来了一个新同事，新同事写代码能力不如师兄，做直播能力更不如师兄，师兄具有绝对优势。

绝对优势的含义——即一个生产者用比另一个生产者更少的投入，来生产某种物品的能力。即写300行代码，师兄用1个小时，新同事要用3个小时，而做直播的话，师兄用1个小时可以准备完毕但新同事需要花10个小时来准备。

但是，新同事就完全没有机会了吗？

并非如此，Lip师兄的时间是有限的，他必须要选择更有价值的事去做——直播，新同事在写代码上有比较优势，因此师兄就应该去做更具有绝对优势的直播活动。

师兄大可以把做直播的钱用来换取3个新同事为他写代码，这大约就是能力优秀的人转做管理者的意义吧。

《神雕侠侣》中杨过的武学悟性非常高，什么高深的武功——无论是西毒欧阳锋的蛤蟆功、郭靖的降龙十八掌，还是黄药师的弹指神通——他都能一学就会。然而，他学会之后反而迷茫了——“我既然学什么都会，那我究竟最想做什么呢？”

这就是拥有“绝对优势”的人，参不透“比较优势”的意义。

后来，杨过终于悟出自己想学的武功，并自创了“黯然销魂掌”。

可是，像杨过这样的“武学奇才”在现实中非常少，我们更多人都有自己的特长和优势，更重要的是我们要知道，做什么事能带给我们最大的乐趣。

现在的义务教育要求孩子每门功课都要考试，然后根据成绩查漏补缺——数学弱就补数学，英语差就学英语——无论如何一定要把短板补齐，绝对不能偏科。这样的做法或许可以应付考试，但是到了社会上意义并不大。如今的社会实行劳动分工，人们各自专注于不同的工作领域，为的是在有限的时间里，最大限度地发挥自己的价值，实现自我满足的同时为社会做出更大的贡献。

焦虑的社会环境孕育出一大批焦虑的父母，父母们为了不让孩子输在起跑线，为他们报了很多学习班。英语课和奥数课基本上是标配了，除此之外，很多孩子还要进行艺术家训练、古典乐熏陶、英伦礼仪、科学家思维、地理考察、天文探索、团队精神培养、企业家头脑开发等。

如果家长是为了发掘孩子的兴趣，为孩子以后的人生提供更多选择，孩子也并没有对此提出异议，而且自己的家庭条件也足以支撑，我觉得这种做法没有问题。不过，家长不必强求孩子样样做到最好，只要告诉他：“这个课程是你自己选择的，爸爸妈妈也愿意付钱让你学，如果你不喜欢或者不想学了，你要记得告诉我们。我们可以让你停下来，可是你要记得，即使后悔了也是你自己选择的。”

如果父母只是为了让自己更有面子，而逼迫孩子去学一些他们不喜欢的东西，在我看来是得不偿失的。这是因为孩子的天资和时间都是稀缺的，没有被用来做自己喜欢的事儿，反而造成一段痛苦的回忆，实在是没有必要。

第4节
实践的意义：
一起克服亲子旅行中遇见的困难，也许就是亲子旅行的目的

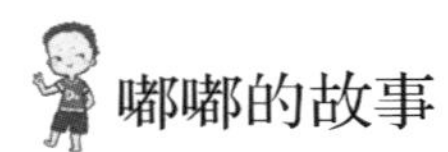

嘟嘟的故事

嘟嘟还有3个月才满4岁，却已经是个出行的老手了。光是日本就去了四次，要不是我实在没有假期，大约他出门旅行的次数还要更多。每次旅行回来，嘟嘟无论是语言能力，还是处理生活琐事的能力，都会取得很大的进步。

不过，我实在有点忙，很难抽出大段的时间出门旅行。

有一次走在大阪街头，我不禁想，带孩子出行，不就是地铁公交、逛街吃饭吗，在日本可以，在国内为什么就不行呢？

于是，我立志要“带娃走遍苏浙沪”。而且我还想了个新

招，可以召集目标城市年龄差不多的小伙伴和妈妈，一起带着孩子出来逛街。一方面，嘟嘟可以认识新的小伙伴，我也可以结识新朋友。另一方面，有了当地人做向导，无论是吃住行还是游购娱，都会更加便捷。

说干就干，在一个微信群征集了下，果然来了个热心妈妈。于是，我带上嘟嘟向着苏州，出发！

1. 带孩子旅行前的准备工作

其实没什么特别需要准备的，毕竟不是去大漠而是去城市，除了买火车票订酒店，背包里要带的就是Kindle（给自己）和iPad（给嘟嘟），换洗衣物一套，充电宝、手机、若干零钱；还有湿纸巾一包、驱蚊水一小瓶，牙刷、牙膏外加一把雨伞。这样一个双肩包，还剩下一半的空间。

早年经常出差的水湄表示，行李要尽量精简，毕竟，我们以后还是要去沙漠冒险、去极地旅行的，这种短短一天半的旅行，不用太当回事。

另外，之所以出门旅行，就是想要遭遇一些不同的；在家里，什么工具都有，什么事情都顺，那毕竟不是生活的常态。

2.《哈尔罗杰的历险记》——看书才是最棒的事

带上iPad当然是为了打发旅行的空白时间，例如乘地铁、坐火车、等吃饭、睡觉前的时间。嘟嘟最近迷上了《哈尔罗杰的历险记》，这套书明明是青少年读物，故事的主人公分别是18

岁和15岁，我觉得应该至少10岁的小孩才会感兴趣，而且故事一开始就讲到印第安人用人的头盖骨做装饰物。这本书原本是我为了哄嘟嘟睡觉而随手翻出来的，却没想到嘟嘟爱得深沉无比，每天晚上央求着我为他讲一段。

本次旅途中乘地铁、坐火车、等吃饭的时候，全凭此书来消磨时光，好在这套书篇幅超长，情节也很曲折，任何时候开始和中断都不会觉得突兀。

晚上睡觉的时候，我问嘟嘟，你打算听妈妈讲一段《哈尔罗杰历险记》还是自己看会儿iPad？以前百战百胜的iPad这次居然战败，我只好又讲了20分钟的故事。

选择苏州的一大理由是因为我想去诚品书店“朝圣”，可最终的结果是，我带着嘟嘟全程待在了绘本馆——为他讲了一个故事，买了一本书。

回到自己家的晚上，我抱着嘟嘟问：“去苏州你印象最深的是什么？是坐摩天轮和旋转木马，还是认识了新朋友？”

他思索半天，说：“印象最深的是看书和听故事。”说完倒头就睡。

作为文艺女青年的妈妈，内心还是挺欣喜的。

3. 结识新朋友

我一直觉得，旅行最大的意义，就是从另外一个视角去回望自己的生活，但这一点，估计小孩子还做不到。旅行的另一个意义，应该是结识一些新朋友。所以，在我的计划中，让嘟嘟和我都认识一位新朋友，是这次旅行不可或缺的一项内容。

Yeah是我在“明天的教育”中认识的一位妈妈，后来知道原来她也是资深的长投用户。她的女儿比嘟嘟大一岁，嫌父母起的名字不好听，给自己起名“雷伊”。雷伊是个脸蛋圆圆的、笑起来还会出现小酒窝的漂亮女孩。

在酒店门口见面的时候，他们隔着20米就相互飞奔着冲向彼此，雷伊还热情地说“好久没见啦”。但是，仅仅过去了3分钟，二人就在车上爆发了第一次争执，雷伊大声对嘟嘟说：“哼！我不想理你了，我跟你不是好朋友了！”我大笑，这分明是嘟嘟平日里的台词。

观察孩子的交友过程是一件非常有趣的事，毕竟，我们平时不能在幼儿园旁观。苏州行这一天，从上午9点准时见面，到下午5点到达火车站的8个小时中，嘟嘟和雷伊两个人从相见到争吵，再和好，再赌气……闹了整整6次。我跟Yeah全程淡定相对。

当然，我跟Yeah之间也慢慢变得熟识起来，我们聊孩子的教育，聊日本的风景，聊苏州的规划，聊妈妈们的焦虑。午餐的时候，我的另外一位朋友也加入了我们的谈话，作为长投资深用户的Yeah比我还热情地向那位朋友介绍长投的理念、港股打新的流程等。

朋友是旅行的意义，也是生活的意义，感谢我和嘟嘟的新朋友！

水湄有话说：旅行所遭遇的困难，也许就是旅行的目的

再次回到旅行上，带孩子出行，是为了什么呢？

为了让他增长见识，没错。旅行中的风景，旅行中遇见的人和新结识的朋友，都会让他了解世界的多元性。

但我觉得，对于孩子而言，旅行有一个更可贵的地方，就是旅行往往会遭遇一些困难，而且是在家里不可能会遇见的困难。面对这些困难，孩子是积极应对还是连连逃避，是乐观思索对策还是悲观低声哭泣，这在很大程度上取决于父母在旅行中如何引导孩子。旅行能够塑造孩子的品格，乃至影响他的成长，这才是父母带孩子旅行的终极意义。

接下来，我们来说说嘟嘟在这次旅行中遇见的挑战吧。

第一个挑战：棉花糖我很想吃，怎么办？

到了诚品书店的时候，Yeah给雷伊和嘟嘟各买了个冰激凌，吃完不久，我们就发现了一个做棉花糖的地方。雷伊大叫着要吃棉花糖。

那个棉花糖真的很漂亮，连我看了都为之心动，但是，不能养成孩子想买就买的习惯。

于是，我把嘟嘟拉到一边做了很多思想工作，最后我对他

说："妈妈可以给你买棉花糖，但我觉得你刚吃完冰激凌，肚子还是饱的，不过你可以自己做选择。"

嘟嘟想了半天，最后回答说："我还是有点想吃，但我可以忍住。"

第二个挑战：想买很多书怎么办?

去了绘本馆，嘟嘟简直像是老鼠掉进米缸。看见了喜欢的朵拉系列，又看到了《赛车总动员》的主角闪电麦昆，还有各种各样关于恐龙的书……

好想都抱回家啊，可是妈妈说，只能挑一本！这可该怎么办?

于是，很长时间内，只见他纠结地拿起一本，放下，接着拿起另一本。

选择是痛苦的！

可是嘟嘟最后成功地克服了自己的贪欲，选了闪电麦昆系列中的一本。

在此处，我想要再重申一遍"资源稀缺性"这一个很重要的财商教育点。钱是稀缺的，所以必须选择最重要的物品，很小就让孩子学会选择，学会比较和取舍，克服人性中贪婪的本性，是非常重要的。

第三个挑战：体验饥饿

为了让孩子们多玩一次旋转木马，我们动身去火车站的时间略有点晚，匆匆跟雷伊和Yeah告别后，我跟嘟嘟一路狂奔，终于赶上了火车，上车时已经是晚上六点半了。

嘟嘟这一天走了5公里[①]路，精神一直处于十分兴奋的状态，再加上中午吃得少，上车后就已经有点饿了。

但狠心的我决定不吃火车上的盒饭，一方面火车上的盒饭真的很贵，而且很难吃；另一方面，我很想让嘟嘟体验一次“饥饿”的感觉，这是在家里，在爷爷、奶奶、爸爸、妈妈精心照顾下的孩子们很少有的体验。

其实，嘟嘟还接受了“住在不同的地方”“犯了错误不想承认怎么办？”“如何跟小朋友和好”“餐厅打破了杯子很惊慌”等考验，而这些考验如果不是通过旅行，他可能很难遇见。

对于孩子来说，见多识广固然重要，而克服旅行中所遇见的种种困难与挑战可能才是真正重要的事情。

情景延伸：纸上得来终觉浅，绝知此事要躬行

这一节看似和儿童财商没什么关系，但其实这种“体验感”非常重要，我之前写过一篇文章叫《你的游泳技能是看书学会的吗？》，里面说想要理财投资，最好的学习方法就是实

① 1公里=1 000米

战。而对于孩子来说，平时了解再多儿童财商的概念，都不如切切实实的生活体验。

之前我看过一本书，书名是《为什么孩子不爱上学》，里面谈到一个四年级效应——说美国的孩子在小学四年级前后，会出现一个分水岭。很多家庭条件较好、外出旅行多、经常去博物馆的孩子，成绩会有很大的进步；这与那些相对家庭环境较差、活动范围有限的孩子会形成对比。而造成这种差距的原因是，小学四年级之前，孩子主要学习的是拼读，也就是会不会念课文、会不会写字；而四年级之后，学习主要靠阅读理解，这样有大量背景知识的同学自然就脱颖而出了。

仔细想想，只是学会一个个英语单词着实不算什么，当书本上开始出现民粹主义、出现洛可可风格、出现后经济危机时代的时候，没有大量的见识，如何能够理解呢?

纸上得来终觉浅，绝知此事要躬行。旅行，大约是最简单便宜的一种躬行了吧。如果我们的孩子能在旅行中收获那么多，带上他一起出去走走又何乐而不为呢?

亲子游戏：说走就走的旅行

父母有时间也可以跟孩子来一场说走就走的旅行，让孩子体会旅行的乐趣并提升其解决实际问题的能力。

第 5 节
消费与生产：
顶尖商学院教育从娃娃抓起

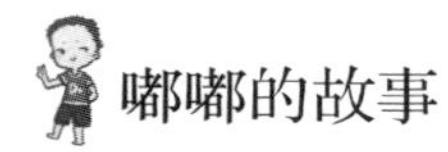

嘟嘟的故事

我猜让所有家长最头疼的场合，莫过于路过商场中的玩具店了。

我就曾经遭遇过一次。

我有一次带着嘟嘟去日本出公差，想给他买两双鞋。日本的合作伙伴很客气，坚持要带我去商场，帮忙翻译。但不知怎么的，居然走进了巨大的玩具反斗城，我当时只觉得大事不好，瞬间就脑补了要去哪里买箱子才能把玩具带回家的事。

不过还好嘟嘟很配合，东摸摸西摸摸了很多玩具之后，居然什么要求也没提就走出了大门。

事后日本的合作伙伴还狠狠地夸了他一下，说见过很多孩子，如果在这里不买三四件玩具是不肯离开的。夸完嘟嘟，合作伙伴还向我讨教育儿秘诀。

其实我的方法很简单，就是把选择权交给孩子。那次动身去日本的时候，嘟嘟在上海浦东机场附近的玩具店看上了一个爆裂飞车，售价200元左右，做工还蛮精致的。

我告诉他，可以买，但这一次10天的旅程总共就只能选择两样玩具，如果买了这个，那他就只剩下一次机会了。嘟嘟思考了一会儿就同意了。

果然，在后来的整个日本行程中，他只要求买了一个扭蛋。不过，在其他场合，他会企图用“妈妈我们不能再买玩具了对吧”这种以退为进的话来套路我，幸亏我意志坚定，一律不许。遵循这个原则，虽然嘟嘟进了玩具反斗城，但他最后还是全身而退了。

我以为自己在这方面已经算厉害的了，直到我遇见S太太才改变了这种认知。

S太太是我的一个朋友，也是自己白手起家的，她有一个6岁的儿子。

有一次我跟她约了见面，我俩分别带上了自己的儿子。S太太的儿子小名叫团长，一个很霸气的名字。

团长跟嘟嘟虽然是第一次见面，但很快就打得火热，这个时候，我们路过了——玩具店！

即便在这方面已经身经百战，我依然腿发软心发虚，而且根据我的经验，大部分的妈妈都会在同自己的孩子斗争中败下阵来。我可能会因为内疚给嘟嘟再买个玩具，也可能在我妥协之前S太太便会率先付款，她还会美其名曰“阿姨买给嘟嘟的礼物”。这个时候我就很尴尬，不接受吧，显得特别不通人情世故；接受吧，又违反了我的育儿规则。

正当我内心上演着各种版本的戏码的时候，嘟嘟率先发难——他看见一个做成甜甜圈模样的书包。他飞一般地冲过去，看着书包的目光里充满了羡慕。

正当我慌乱得还没想好应对之策之际，走在嘟嘟身边的S太太蹲下来跟嘟嘟说：

“嘟嘟，你是不是很喜欢这个书包啊？”

“是啊……”嘟嘟的眼睛简直黏在了书包上，连头都没转。

“是因为这个书包做成甜甜圈的样子，看起来很好吃吗？”

“对啊！”嘟嘟继续漫不经心地回答。

“那么，除了甜甜圈，你还有什么喜欢吃的东西吗？”

这一次嘟嘟终于把头转向了S太太：“我还喜欢吃冰激凌和酸奶。”

“要是书包可以做成冰激凌和酸奶杯的样子是不是也很棒啊。”

嘟嘟没有回答，但是抬起头思索了起来，大约在想象背着冰激凌书包在幼儿园里受人羡慕的状况。

S太太继续循循善诱："你还喜欢什么呢？"

这个时候团长冲过来："汪汪队，弟弟喜欢汪汪队！"没看出来，见面才30分钟的两个小朋友已经聊得这么深刻了。

终于踩到了嘟嘟的兴奋点，毕竟，他最常看的动画片就是《汪汪队立大功》《小马宝莉》和《爆裂飞车》，他坚定地说："我喜欢小丽！"（小丽是汪汪队里那条沙皮狗，因为开的是挖掘机所以受到了嘟嘟的宠爱）。

于是S太太说："那么要是书包做成小丽的样子你会喜欢吗？"

"喜欢，喜欢！"嘟嘟已经开始跳了。

"对啊，就是要把书包和玩具做成小朋友喜欢的样子，小朋友的妈妈才会买啊。你们可以想想看，把书包做成什么样子，你们幼儿园的小朋友也会喜欢呢？"

水湄有话说：顶尖商学院教育从娃娃抓起

我在一旁看着，简直佩服得五体投地，这根本就是一堂顶尖的商学院一对一教程啊。

没想到，我们还可以引导孩子从消费者的思维逻辑中跳出来，走进生产者/创业者的思维逻辑，从而让孩子对眼前的商品失去购买兴趣。

结果，当然是什么玩具都没有买，毕竟，这些玩具和书包都不能满足嘟嘟和团长的需求。不仅如此，一直到吃午餐的时候，两个小朋友还在讨论书包到底应该做成什么样的。

嘟嘟从自己的需求出发，觉得冰激凌书包一定很受幼儿园小伙伴的欢迎。我特别安慰地想，从自己无法被满足的需求出发，从而满足市场更多人的需求，这本身就是很多创业者的起点。

而团长觉得，应该先到幼儿园去问问小朋友们喜欢什么样的书包（进行市场调研）。他说，他觉得女生可能会喜欢艾莎样子的书包（迪斯尼动画电影《冰雪奇缘》中的女主人公）。

然后他人小鬼大地说："我觉得女生都很爱花钱，我觉得还是做女生喜欢的书包比较有前途。"

知道先调研目标用户的市场需求，也知道把目标用户分层并获取利润最高的用户，这俨然就是一个商业高手。单说这市场敏感度，我们公司大约一半的人都不如团长，更不要说他还只是一个6岁的孩子。

S太太的财商教育给我留下了深刻的印象，毕竟，我以前只是在引导孩子从消费者的角度出发，让他学会控制欲望，懂得资源的有限性，以及理性地进行选择。

而S太太，已经开始引导孩子从创业者的角度去思考问题，让他学会如何挖掘市场需求，如何找到目标用户等。

我还在教孩子怎么消费的时候，S太太已经在教育孩子怎么赚钱了。在这种思维角度下成长起来的孩子，在商业社会极有可能取得成功。

其实不仅仅是孩子，成人也可以从这个事件当中学到很多。

比如，我跟小熊还在恋爱阶段时，出去约会吃个饭，就能分析半天。我喜欢分析餐厅的商业模式、营销策略，他喜欢钻研餐厅的现金流和财务状况，这大约也奠定了我们后来创业的基础。

直到现在，我们还是延续了这种习惯，毕竟我们现在对商业和市场化运作有了更多的经验。这种对日常环境的思考，可以带给我们企业更多维化的分析角度。

情景延伸：从小事开始积累创业者思维

很多人问过我关于创业的问题，我想大部分人的心里可能都有开个咖啡馆、花店之类的小梦想。

可是，创业成功的概率那么低，普通人该如何去锻炼自己这方面的思维呢？S太太给了我们一个很好的思考角度。

从身边普通事、眼前平凡事开始，想想别人的餐厅、别人的游乐园、别人的咖啡馆是如何成功的。有时间的话，隔三岔五再去看看商家有没有什么新的推广活动，人气有没有变旺，过了一两年有没有开连锁店。

如果它成功了，为什么？如果它失败了，更值得思考的是它失败的原因。

如果我是老板，该怎样避开这些让人失败的因素，多做这样的思索才能在创业没开始的时候便积累经验和知识，为未来奠定基础。

感谢S太太和团长，为我教育孩子开辟了全新的角度。

亲子游戏1：给孩子列一个创业清单

第一步：准备两张纸，家长和孩子各一张，每个人写下孩子现在最喜欢的5件东西和5个长大后的梦想；

第二步：两张纸对比，看看家长和孩子的清单是不是一样？

第三步：将5件东西和5个长大后的梦想根据关联两两连线，让孩子找出他最喜欢的一组，并辅导孩子写一份商业计划书。

亲子游戏2：商业计划书写法

以嘟嘟提出的小丽形状的包为例。

创业产品：小丽书包

市场调研：女生和嘟嘟都喜欢

颜色：红、黄、绿三款

使用材料：帆布

售价：100元

第 6 节
工作与赚钱：
4岁的嘟嘟说，妈妈，我以后要当骗子

嘟嘟的故事

嘟嘟4岁的时候，我带他去俄罗斯旅游。这次去俄罗斯旅行，我们选择了包车。世界杯临近，大城市普遍拥堵，车上的时间颇为无聊。

从苏兹达尔开回莫斯科的路上，我们给车子加了次油，在加油站内的小超市里，嘟嘟看上了一款大黄蜂的变形金刚玩具。他长时间地逗留在货架前，还不断转头拿“妈妈我不开口要，但你懂的”的眼神看着我。

好的好的，我懂我懂，我对于合理的请求一般都可以接受。嘟嘟从踏上俄罗斯的土地到现在，只买过一个约合人民币20元的扭蛋，所以这个请求，我可以接受，何况六一儿童节也

快到了。

最后嘟嘟拿着质地粗糙的大黄蜂，笑得合不拢嘴地上了车，在车上还一直摆弄着。这款塑料质地的变形金刚玩具虽然粗糙，变形起来倒是毫不含糊。

不知怎的，我们在车上讨论起昂贵和便宜的话题。这款变形金刚售价将近100元人民币，在我家属于“昂贵”的那种玩具。嘟嘟在搞清楚“昂贵”和“便宜”两个定义之后，思索了一会儿说道：“我喜欢便宜的玩具，因为买一个贵的玩具的钱，可以买两个便宜的玩具。”

这小子最近显露出了一些财迷基因，问他最喜欢哪一个超级英雄，他毫不犹豫地回答说：“钢铁侠。”我问他原因，他继续毫不犹豫地回答：“因为钢铁侠最有钱！”

记得几周前给他讲了《皇帝的新衣》这则故事，嘟嘟问：“骗子为什么要骗人啊？”

我回答说：“因为可以骗到很多钱啊。”

他考虑了一下，毅然决定：“那我以后要当骗子。”

嘟嘟这是为了钱，连道德底线都不要了，我赶紧思考怎样对他进行教育。

其实当嘟嘟说“我喜欢便宜的玩具”的时候，我就察觉他的思想似乎出了问题，节省开支（节流）自然是财富观念中很重要的一点，但是4岁半的嘟嘟可能还不知道的是，世界上还有增加收入（开源）这么一说。

于是，我问嘟嘟："你想不想通过玩玩具赚钱啊？"

"怎么赚钱？"他立即放下手中的变形金刚玩具，眨巴着大眼睛问道。

"你不是看过爆裂飞车的玩具演示视频吗？你就学那个样子玩你手上的变形金刚玩具，然后一边玩，一边向大家解释这个玩具怎么玩，怎么变形，妈妈给你录像以后上传抖音。只要录得好，明天你就又可以得到一个新的玩具，你愿意吗？"

什么？玩玩具就能得到新玩具！

这件事，立即打破了嘟嘟现有的世界观，他立即大叫说："我愿意，我愿意！妈妈你现在就录吧！"

我按住他乱晃的手，严肃地对他说："没那么简单哦，你要完整地介绍大黄蜂的所有部位，要变形给大家看，还要坚持录制至少3分钟视频。如果做得不好就要重新录，可以吗？"

"可以，没问题！"在录完视频就能拿到新玩具的巨大诱惑的鼓动下，嘟嘟毫不犹豫地回答道。但是，第一次录像他连10秒钟都没坚持下来，他迅速在镜头前晃了一下玩具，啪一下变形完毕，然后就低头独自不断摆弄玩具了。10秒钟里有1秒是晃得看不清楚的玩具全景，有1秒是变形过程，剩下的8秒都是他毛茸茸的黑色头顶。

爷爷、奶奶、外公、外婆从车辆各个方向发出了欢快的笑声。

但我没有笑，而是继续严肃地指导嘟嘟这个初入职场的新人。

“嘟嘟，你看这样可不行啊，你要一边慢慢地对着镜头转动小黄车，一边对着镜头告诉大家这是玩具的哪个部位。还要跟观众互动，说：‘你们准备好了吗，我要变形啰。’”

嘟嘟没想到录个视频这么麻烦，有一点不乐意了。

我说你练习一遍。

他说不要练习了，妈妈你直接录像吧。

又录了一次，这次嘟嘟倒是不晃玩具也不晃脑袋了，但没到5秒钟，讲话就卡壳结巴了。

连他自己都感觉到了不完美。

再录第三次——

第三次之后他决定不录了，明天的新玩具也不想要了。

低头又玩了10分钟玩具，嘟嘟抬头长叹了一口气说：“妈妈，赚钱不是一件容易的事啊。”

水湄有话说：4岁的嘟嘟懂得了成人才明白的道理

我很欣慰，很多人要到20岁才明白的道理，嘟嘟4岁的时候便已经懂得了。

在教孩子了解金钱的过程中，最难的是告诉他金钱的来源，因为孩子不明白“工作”是一件多么辛苦的事。

很多孩子都会时常抱怨说：“爸爸妈妈，你们为什么不能留在家里陪我玩啊？”

而当家长回答说：“爸爸妈妈要工作赚钱啊。”有些孩子就会回答：“那你不要工作了，我把钱给你。”

对于大部分的孩子而言，钱似乎是从天上掉下来的，从手机里长出来的。

有一阵子，嘟嘟出门后想吃零食，我说没带钱，他就会大叫“拿手机刷一下”，那时候他还不到3岁。这样一件录视频的小事，却让嘟嘟懂得了“赚钱并不容易”，想要“赚钱买玩具”，便要付出很多努力的道理。

情景延伸：赚钱就要付出劳动

动画片《神偷奶爸》里面有个情节：小女孩们拿着饼干盒，挨家挨户地推销饼干，几乎每一家都很友好地买了一些，唯有大肚子、小细腿儿这个奇葩的奶爸硬是拒绝了。有些家长对孩子上门推销商品这种行为感到讶异，其实小孩子上门推销商品的行为，在美国很常见。

美国有一个女童子军（girl scouts）组织，加入的孩子要接受童子军派下的差使，该组织创立的目的是培养孩子的社会和经营技能。其实，女孩子销售饼干这个习惯由来已久，已经有超过90年的历史。如今一年有270万个女孩子参加销售，销售量达到2亿盒，销售额达到7亿美元。也就是说，平均3个美国人就要买2盒饼干。一般来说，社会对女童子军们卖饼干都会非常支持。虽然饼干的售价高于市场价至少30%，但是大人们看见穿着童子军制服的孩子，都会特别热情，甚至主动询问："你在干什么啊？是在卖饼干吗？我可以买几包吗？"因为好多大人在小时候都卖过饼干，看到卖饼干的孩子，就好像看到了童年的自己。

赚钱不是一件容易的事儿，钱自然也不是大风刮来的。可是，很多父母都不舍得让孩子去做"求人"的工作，总是觉得孩子太小，不宜太早接触社会。

但孩子迟早都要进入社会，早点尝试并不是坏事，而且让孩子"工作赚钱"也并不是像父母想的那样困难，方法用得恰当，还可以让孩子获得从学校无法学到的东西。

举个我身边的例子吧。我的一位同事在某一年的暑假，让孩子到我们单位"实习"，说是实习，其实这孩子也做不了什么。这个小女孩叫天天，很羞涩，一开始无论谁跟她说话，她都低头不语，偶尔才会用极小的声音简短地回应一句。因为她喜欢画画，所以同事让我们负责UI（平面设计）的同事教她画画，还给她布置了“画画”的工作。

小姑娘画了一整天，交出了一幅笔法很稚拙的漫画。除了画画，她还负责一些其他工作，比如在团建的时候帮忙看东西、扫地之类的。

可是她没坚持太久，不到一个星期就回家了。我的同事想了个办法，准备了300元的红包交给我们的平面设计同事，然后编辑了一条短信，请平面设计同事用她的语气来发给天天，大概内容是这样的：“你做得很好，别人都是大学才出来实习的，而你才小学毕业就出来工作了，以后不要那么害羞，勇敢一点。这300元是给你的工资，你画画非常有天赋，而且画得很好，要继续加油哦！开学的时候要好好读书，记得坐姿一定要标准，不要驼背。”

后来，据我的同事说，天天开学之后变得勇敢很多，还主动帮老师做PPT呢。从始至终，她都不知道这笔“工资”就是自己的妈妈给的。

有的家长或许会觉得，这样做会不会让孩子觉得赚钱很容易，反而弄巧成拙了呢？

其实家长大可不必这样担心。孩子并不是什么都没有做，她付出了时间、精力和劳动。她来到一个陌生的工作环境中，内心是紧张而又慌乱的，这相比她在家看动画片、打游戏而言，已经很辛苦了。而我同事的举动，是为了让她更加自信，并且懂得“赚钱就要付出”的道理。

后来的事实也证明，同事的用心良苦还是很有用的。

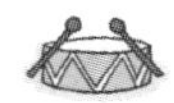 亲子游戏：带孩子体验你的工作环境

有条件的家长，可以带孩子去自己的工作单位感受一天上班生活，让孩子了解“上班”是什么，以及父母为了赚钱而每天工作的辛苦。

第7节
创业与合伙人：4岁嘟嘟的第一次抖音创业倒在了这里

嘟嘟的故事：为什么玩玩具可以挣钱？

嘟嘟在感悟了赚钱不是一件容易的事之后，又玩了20分钟的玩具，但是旅途实在太过漫长，过了一会儿，他突然抬头问我："妈妈，为什么你拍我玩玩具的视频，我就能得到一个新的玩具呢？"

我原以为他在反复拍摄的过程中已经耗尽了耐心，没想到他的小脑袋还在琢磨这件事。

"嘟嘟，你还记得你很喜欢看的爆裂飞车的玩具直播吗？"

"记得啊！"

"你很喜欢爆裂飞车，也会对它的玩具直播感兴趣。所以，当你把你自己怎么玩玩具的过程给其他人看的时候，别人也会有兴趣，甚至会有人为此付钱哦。”

其实以自己的需求和喜好为出发点的创业是很普遍的，比如很多儿童教育的创业者，都是因为自己有了孩子而觉得外面的课程都不好，才会选择自己从事儿童教育。又比如，因为喜欢烘焙，想把自己烘焙的面包让别人品尝，最后开了一家面包店。

当然，这其中也包括，在投资论坛上认识，因为喜欢投资进而创业的我和小熊。

创业的本质，就是找到一种目前市场上还无法满足的需求，然后想办法去满足它，从而产生商业价值。

当然，这种描述，4岁的嘟嘟是听不懂的，他只需要知道，因为他自己喜欢看别人玩玩具，所以也会有人喜欢看他玩玩具。

嘟嘟花了一些时间理解这件事，不过我随即又抛出了第二个知识点。

“不过妈妈没那么多时间帮你录像和剪辑，如果你打算做这件事，可能需要一个合伙人。”

“什么叫合伙人啊？”嘟嘟又发现了一个新的知识点。

“合伙人就是你自己一个人做不了这件事，要找一个人来帮你。比如，你自己玩玩具没法录像，你不会剪辑录像，不会写解说词，也不会上传网络，你甚至都没有收钱的账户，所以要找一个能做这些事的人来帮你。”

“妈妈就是我的合伙人。”

“我才不要当你的合伙人，我忙着呢。”我心底暗道，我现在可是你爸爸的合伙人，等什么时候你的事业做大了再来挖我吧。

况且，虽然嘟嘟最喜欢妈妈，但是我的能力跟这个位置并不匹配，拍摄和剪辑视频都不是我拿手的啊。

于是，我向嘟嘟推荐了另外一位优秀的人选：“嘟嘟你考虑下爷爷啊，爷爷最喜欢拍录像，写台本和剪辑也都难不倒他。”

“好啊，”首次创业的嘟嘟从善如流，立即大喊，“爷爷你就是我的合伙人！”坐在前排的爷爷立即受宠若惊地笑开了花。

创业需要靠谱的合伙人。首先，你需要熟悉他的能力，爷爷的摄像和剪辑能力一流，对嘟嘟的忠诚度又高，绝对不会产生合伙人因意见分歧吵架的问题，真的是最理想的合伙人了。

创业失败的案例中，占最大比例的原因就是合伙人意见不能达成一致，或者利益不一致，格局不一致，导致大家无法往一个方向去努力。值得庆幸的是，我创业七年来，长投的三个合伙人从来没有变化过。

当嘟嘟还沉浸在找到完美合伙人的喜悦中，我又抛出了第三个知识点。

“嘟嘟，爷爷当了你的合伙人之后，你需要分给他股份。”

“什么是股份？”嘟嘟感觉自己的小脑瓜已经不足以应付

本次创业专题讨论了。

这个问题还着实让我为难了一下，股份的概念有些抽象，似乎很难向嘟嘟解释清楚，那我就从股份分红来解释吧。

“股份就是，如果你明天得到了两个新玩具，你就要分给爷爷一个，因为他作为你的合伙人付出了很多劳动。”

面对要分玩具的困境，财迷的嘟嘟顿时沉默下来，在他还没有意识到合伙人做了多大的贡献之前，就要拿走他的玩具，这着实让他心里很不好受。

此时，完美合伙人爷爷开口了：“嘟嘟，玩具都给你，爷爷不要！”爷爷，您这招未免也太破坏我的创业指导课程了吧。

总之，对于爷爷这样愿意干活又不拿玩具（分红）的合伙人，嘟嘟表示很满意，此事就算画上了圆满的句号。

水湄有话说：创业成功的关键

我很喜欢《论语》中的一句话：“己欲立而立人，己欲达而达人。”意思是，仁者自己想立身进达，以恕推己及人，知道别人也和自己一样，所以先帮助别人立身进达。更通俗一点讲，就是如果你想要做成一件事，甚至是伟大的事之前，首先要帮助自己团队的人去成长、去获得利益。这种利益当然也包括金钱上的回报。

嘟嘟可能不明白，能不能分给合伙人更好的玩具（更优厚的分红）可能是他创业能否取得成功的关键因素。

成人世界也是如此，能不能先人后己，把利益分给合伙人和团队的其他同事，能不能切实帮助团队人员成长，可能是所有创业者都绕不过去的关。

最后，嘟嘟的创业大计倒在了他的执行力上，他一共进行了3次录像，因为不肯进一步改善台词和表达方式，所以无法上传抖音获得流量，也无法获得他的天使投资人——妈妈投资给他的新玩具。

在茶余饭后闲谈聊天中产生的创业计划可能有成千上万，但能在第二天太阳出来后顺利执行的可能还不到万分之一，所以嘟嘟不算丢脸。毕竟，未来他还会有很多次这样的机会。

情景延伸：创业赚钱，从娃娃抓起

几周前，一个很熟的朋友打电话给我，说想拜托我一件事。原来，他有个客户看了我的书后非常喜欢，于是把书推荐给了自己的家人，家人读后也很喜欢。一次偶然的机会，客户得知这个朋友与我相熟，于是拜托他约我见面。客户那正在读大二的儿子，听说这件事后异常兴奋，他非常想向我咨询一下关于职业规划之类的事宜。

关于那个年轻人，朋友给的资料大约是这样的：

中型房地产开发商二把手的独子；

去年因为喜欢动漫找了关系在动漫公司里实习；

高一的时候得过脑瘤，切除后恢复良好，所以父母极为溺爱。

不知道你听完这几条信息的第一反应是什么？

我的反应是，家道殷实，因为生过大病，所以父母极其宠溺，他肯定是想干什么就干什么。思虑至此，心里多少有点抗拒，不过既然是相熟的朋友相托，拒绝显然不合适，于是我便客客气气地说："没问题啊，一定见面聊聊。"

在约定的时间，朋友带着那个年轻人来了公司，同行的还有那个年轻人的母亲。为了表示诚意，我动用了小熊的办公室，并拖上了小熊。没想到一番对话之后，我的看法发生了大反转！

年轻人最初说喜欢动漫，想做动画片导演。我一听，默默地在心中加深了对他"纨绔子弟"的评价。后来发现，他想做动画片，只是因为喜欢"飞行器"和"机器人"——他喜欢未来感的东西。他觉得无法用真人拍摄解决的问题，可以通过动画来表现，所以才去动画公司实习——他的行为是有动机和逻辑的。

于是，我帮他整理思路："你是想做未来500年的东西，还是可实现的未来50年的东西？想做未来500年的东西，即距离现实太远，只能通过想象力来表现，那么你可以选择电影、画画、写作这种艺术表现手段。但如果是想做可实现的未来50年的东西，那就意味着你可能是未来的特斯拉总裁、未来的Xspace总裁埃隆·马斯克，那么你可以往科学家或企业家方向发展。”

年轻人表示他希望做能够实现的事，他希望能把内心对飞行器和人工智能的想法变成现实，并且说，他已经在商业上开始尝试了。他在淘宝上开了一个卖电子锁的网店，已经经营了一年。出于对飞行器的喜爱，他还鼓励一个同班同学去参加了相关的培训。

一个才上大学二年级的年轻人，便有着坚定不移的目标（据他母亲说，他从小就喜欢飞行器），还扎扎实实地朝着目标前进（去动画公司实习，开网店攒商业经验），而且语言沟通能力很强，说话特别有煽动性（鼓励同学去参加培训）。人才啊！

于是，在我的兴奋和赞赏中谈话持续了3个小时，直到下班时候（因为要去幼儿园接嘟嘟），我们才不得不中断谈话。

我最后给了他一个可以立即着手的建议——开一个微信公众号，把他所关注的那些飞行器、人工智能、动漫的相关资讯都写在公众号里。这样做的目的有三个：

1. 知识累积和整理

写作的过程，本身就是对资料的收集和整理的过程，同时也是一个自律的过程。如果你确实对某些事情感兴趣，希望未来在此深耕，那么不妨通过定期写作来整理和积累相关的知识。

2. 召唤同伴

写出的作品当然可以不放在网络上，但网络可以帮助你召唤同伴。当你的知识积累到一定程度，随着小规模的传播，就能吸引到与你志同道合的同伴，甚至是未来的合伙人。

毕竟，你现在只能在班级鼓励同学或身边的朋友参加培训，回来一起探讨。但通过互联网，你可以召唤别的城市，别的国家，甚至请业内专家来一起探讨。

3. 建立个人品牌

网络时代，你的网络痕迹就是你的个人品牌。

这种个人品牌，无疑会在你未来的职业道路上起到非常重要的作用。随便设想下，大学毕业去面试，别人只能拿一张简单的简历，而你拿出的是文章合集，并将自己的公众号展示给面试官，然后告诉对方："这个领域我已经关注了3年，相关文章写了十几篇，我对行业的前沿发展一直保持关注，对贵公司竞争对手的发展动态也非常了解。"这样的成绩又怎能不令面试官刮目相看呢？

回家第三天，这位执行力超强的年轻人就开通了公众号，他文章质量不错，还能保持一周2~3更。最近三篇文章是《向机器人征税你是否支持》《相比于中国，美国对石墨烯研发为何“淡定”》《软银机器人要进日本寺庙，帮着超度逝者》。

我很推崇这位年轻人，大约是因为他很符合我的教育理念，尽早立志，尽早实践。

在非常年轻的时候，就找到自己的志向，并且跟随行业的发展尽早结交圈内的朋友，然后尽早开始实践并累积经验。

在一个领域足够深耕，很可能获得巨大的成功。

退一万步来说，兴趣改变了也没有关系，把一个领域的成功经验复制到另一个领域，一点也不难。

亲子游戏：孩子，你未来想做什么？

家长可以跟孩子坦诚地聊一聊，看看孩子对自己的未来有什么想法。问问他如果能挣钱的话，他最想做的是什么？如果是大一些的孩子，家长可以帮孩子开通一个微信公众号或者抖音账号，鼓励孩子多分享自己的想法，并且告诉他，坚持下去可以收获打赏，让他懂得互联网时代的多元收入。

第8节
储蓄：
妈妈把我的压岁钱“骗走了”

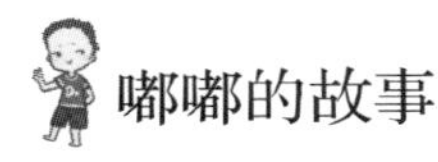

嘟嘟的故事

春节期间，嘟嘟和双胞胎姐妹都收了不少压岁钱。

双胞胎姐妹还处于叼着奶嘴忙着抢玩具的阶段，对红包还没有概念，但嘟嘟就不一样了。

这天，外婆来家里看嘟嘟，看到他撅着小嘴满脸的不开心。

“嘟嘟，怎么啦？”外婆问。

“外婆外婆，妈妈欺负我。”嘟嘟趁着有外婆撑腰，赶紧告状。

外婆一听马上关心地问：“咦，妈妈怎么欺负我们嘟嘟宝贝了？快和外婆说说，外婆批评妈妈。”

嘟嘟说：“我的压岁钱都被妈妈拿走了。”

外婆一下被逗笑了：“嗨，原来我们嘟嘟是个小财迷呀，你要拿钱干什么呀？”

“我想买个新的托马斯小火车，还想买个海底小纵队的章鱼堡玩具。”嘟嘟对在动画片里看到的玩具套装一直念念不忘。

外婆继续逗他：“那妈妈把钱拿哪里去了啊？”

嘟嘟愤愤不平地指着我说：“妈妈说帮我保管，然后就骗走了。”

听了祖孙俩的聊天，仿佛时光倒流回了我的小时候，我和嘟嘟的外婆也有类似这样的场景。

我和嘟嘟说：“妈妈小时候的压岁钱也是外婆保管的，不信你问外婆。”

外婆点点头：“这倒是真的，因为压岁钱本身也是大人的，比如邻居阿婆给了你妈妈100元，外婆也得给邻居阿婆家的小朋友100元，所以最后都得存到银行里。”

嘟嘟点了点头，又问道：“那为什么要存银行里呀？那是干什么的呀？”

我觉得这是个好问题，于是想了想告诉他：“银行是一个可以让大家存钱和取钱的地方。它有两个好处，第一，它像个大保险柜一样很安全，不用担心钱放在家里被偷走。你看妈妈出去买东西一般都很少拿钱，银行会给妈妈一张银行卡，需要花钱的时候，妈妈拿卡或者拿绑定卡的手机一刷就可以了。这样，就不用去银行把钱一张张取出来，也不用担心钱包丢掉了。对了，嘟嘟你记得我们上次在路边看到的运钞车吗？”

“我知道，有四个叔叔拿着枪跟着一个提箱子的阿姨。”嘟嘟忽然来了精神，因为他觉得拿着枪的叔叔都很神气。

我笑了笑继续说：“对的，阿姨箱子里提的就是我们存在银行里的钱，有人保护很安全。银行的第二个好处就是，把钱存在银行里一定的时间，银行还会多给我们一点点钱。比如，嘟嘟3岁的时候把100元钱存在银行里一年，4岁的时候这个钱就变成了105元，这5元就叫作‘利息’”。

“哇，5元钱可以买一大杯酸奶。”嘟嘟表示很满意。

“对呀，但是银行的利息太少了，放一年才能换一杯酸奶。嘟嘟想不想换更多的酸奶呢？”

“想！”嘟嘟真诚而又响亮地回答我。

“那嘟嘟就不能乱花钱，将钱存得越多越好。妈妈知道很多办法可以让‘利息’变多一点，比如每个月把存银行的钱买一种叫基金的东西，就有可能比只存银行多出好几杯酸奶的钱呢！运气好的时候，给你赚一套小火车玩具也是有可能的。”

“哇，妈妈，那我们快快让钱变多起来吧！”

水湄有话说：储蓄是对未来的希望

投资家有两大基本素质：第一，知道推迟欲望的满足；第二，知道做长远的规划。

做理财教育这些年，太多人跟我说：我就是控制不住自己买买买的欲望，怎么办？我也知道自己每月把工资花光不好，但就是控制不住“剁手”的冲动，怎么办？

每次我都会告诉他们，理财的第一步，除了厘清自己的财富状况，就是开始积攒本金，用第一桶金来为你钱生钱。《小狗钱钱》中的形容更加形象：养大你的金鹅，只有你的金鹅足够大，它才会为你下金蛋，让你不为死工资而工作。

而储蓄的另一层含义是：你相信自己的钱在未来能发挥更大的价值，换言之，就是你对未来充满希望，而不是仅仅满足于当下的快感。

据《华尔街日报》的专栏作家乔纳森·克莱门茨的讲述，他的女儿在当地一家餐厅找到了第一份工作，有了自己的收入。这就使她可以用自己的收入，开立一个独立的免税退休金账户。

一个10岁的孩子，就已经开始考虑退休了？

是的，你没有看错。这位专栏作家也说，他并不指望这些钱能解决女儿的退休问题，关键是，退休账户能够一下子满足投资的两大基本要素：孩子把能用来满足自己眼前欲望的钱存起来，并通过这样的推迟，为未来进行规划。

我看过一些案例，美国的小孩从四五岁开始，就有了自己的银行账户。有的银行为了适应家长的教育需求，会设立专门针对儿童的银行账户，利息远远低于普通的存款利息，但是很多美国人仍然愿意牺牲更多的利息，而专门拿出这笔钱开立儿童账户，用于孩子的财商教育。而银行人员也给孩子充足的“仪式感”，比如，送孩子小礼物、服务得殷勤周到、让孩子们感觉格外良好，甚至每每走过银行，都骄傲地说：“这是我的银行！”

一年下来，当孩子们查看利息的时候，都会非常惊喜，由此感受到了储蓄的意义。

情景延伸：让孩子“看到”自己的钱

相信很多人小时候都有压岁钱被家长“骗走”保管的回忆。但很少有家长会为孩子仔细说明，顶多会用一句“帮你存银行，以后上大学交学费”就将孩子打发了。

在大人看来，孩子太小，存银行这个事太复杂，没必要给孩子说那么清楚，以为孩子长大了自然就能明白了。

但是，如果不去解释，幼儿园的嘟嘟看见我拿出手机

“滴”的一声给他买了根雪糕，却不知道这支付的是妈妈银行里的存款。

像我一样的“70后”，虽说大多是上了大学以后才拥有了人生第一个银行账户。但是，我们的孩子如今经常可以看见街上的运钞车，还有商场里的ATM机、自助银行以及营业厅，我们带孩子见到这些事物的时候可以借机对其进行启蒙教育。外出就餐或者购物的时候，只要有金钱交易，家长便可花几分钟引导孩子参与思考与讨论，提示一些需要注意的事项，也是很好的启蒙练习。

怎么开始呢？分三步走——

1. 让孩子认识银行

将钱包里所有的卡拿出来，告诉孩子哪些是储蓄卡，哪些是信用卡，并且说明它们之间的差异。

外出时，告诉孩子街上哪些是银行，那些是银行自助设备，还可以带孩子看怎么用银行卡办业务和进行支付。

如果孩子年龄比较小就重点告诉他储蓄的功能，当孩子上了小学以后，还可以再给他介绍贷款的概念，让孩子的知识更全面。

2. 带孩子到银行开一个他的专用账户

上了小学的孩子，就可以办理银行账户了。目前工商、农业、中国、建设和招商银行开立儿童账户都有工本费、年费和小额账户管理费，而光大银行、华夏银行、兴业银行、民生银行、中信银行和浦发银行等6家银行则三项费用全免，成为更适合小孩开户的银行。

3. 让孩子“看到”自己的钱

除了带孩子亲自开户以外，还可以利用银行网站或者银行手机APP让孩子查询到账户余额。如果把钱放在了“余额宝”一类的低风险货币基金里，就定期给孩子看一看“收益”，这可以让他们直观地感受到“钱变多了”，也可以激发孩子存钱的兴趣。

当然，家长的监管义务还是要承担起来。孩子未满18岁之前，账户资金的使用还是需要家长监控和把关的。

亲子游戏：和孩子一起行动

在家长亲自带孩子参观体验过银行业务后，可以准备一些纸币和一张银行卡。让孩子做银行柜员，爸爸妈妈做储户，表演存钱和取钱的流程，记得算上利息哦。

第 9 节
风险与保障：
大灰狼来了怎么办

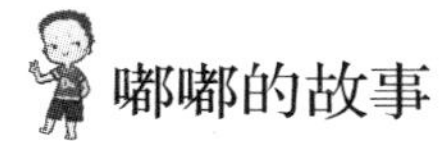

嘟嘟的故事

嘟嘟大约从两岁开始产生了“害怕”的情绪。

晚上关灯准备睡觉时，他会一面大声呼喊“大灰狼来了，它要咬我了”，一面往我身边靠，有时还紧紧地抱着我。

刚开始的时候，我也不以为然，只是直接说“妈妈在，不要害怕”，或说“别怕，妈妈保护你”。

但是几乎每晚他都会说这句话，说“不要害怕”似乎并不能奏效，于是我开始想办法让他自己去应对这件事。

就这样，我们开启了“十万个对付大灰狼的办法”。

1. 挠痒痒法

嘟嘟：大灰狼来了，它要咬我了。

水湄：快想想，有什么办法可以对付它?

嘟嘟：我可以挠它痒痒，它很痒，就不会来咬我了。

2. 吃货应对法

嘟嘟：大灰狼来了，它要咬我了。

水湄：快想个好办法吧。

嘟嘟：我可以给它吃骨头饼干，它吃饱了就不会来咬我了。

3. 嫁祸他人法

嘟嘟：大灰狼来了，它要咬我了。

水湄：除了挠痒痒和给它吃东西，还有什么别的办法呢?

嘟嘟：我可以让它咬妈妈，它就不会咬我了。

4. 使用武力法

嘟嘟：大灰狼来了，它要咬我了。

水湄：呀，我害怕大灰狼，快来保护我呀！

嘟嘟：妈妈别怕，我是超级飞侠，我会变形，我来赶走它。

5. 话痨应对法

嘟嘟：大灰狼来了，它要咬我了。

水湄：今天我们用个温柔一点的办法吧，不要打架。

嘟嘟：那我跟他说，咬人是不对的。

每天晚上重复这个进程，嘟胖子慢慢摒弃了“害怕”这种情绪，而把它当作每天翻新的游戏。他甚至会来挑战我的创意极限。

嘟嘟：妈妈，大灰狼来了，它要咬你了。

水湄：我喂他吃东西?

嘟嘟：不行的。

水湄：我让它咬嘟嘟?

嘟嘟：也不行。

水湄：我用枪打它!

嘟嘟：还是不行。

水湄：我给它讲道理!

嘟嘟：也没用。

水湄：那我就跟大灰狼说，别的大灰狼都去游乐园玩了，你也去玩吧。它就会忘记咬我了。

嘟嘟：这是个好办法。

在孩子的心中，父母就是靠山，只要有父母在，他们就可以无忧无虑地生活。但是，生活中总会有一些时刻，让你觉得天有不测风云。

水湄有话说：“妈妈，一辈子有多长？”

前些日子公司体检过后，周六的中午突然接到一个陌生电话，被我摁断了再打进来，摁断了再打进来，有点执着。

接起来一听，是体检中心打来的电话，说我的HPV39呈阳性，电话那头的人还安慰我：“不用慌，可能是妇科癌症，也可能只是妇科炎症。”

坏消息来得让人猝不及防，眼前的一切一如往昔，然而接完电话的我，看着眼前吵吵闹闹的三个孩子，突然冒出了一个念头——是不是这种吵闹的场景我已经看不了太久了呢。

20分钟之后，我已经翻过了所有关于HPV39的专业资料，甚至连网上的相关论文都看了好多篇。

知识告诉我不用慌，大概只是得了妇科炎症，但内心一直回荡着这样一个声音：“你可能要死了，虽然只是可能。”

抱着嘟嘟午睡的时候，突然落了泪。嘟嘟有点被吓到了，连忙凑过来亲了亲我。我问他，如果妈妈生病了怎么办。他说没关系他会来医院陪着我，如果生病不严重，都不需要打针。

我接着问："如果是很严重的疾病，需要一直住在医院，一辈子都不能陪你睡觉了呢？"我怕吓着他，没敢提"死"这个字，他听后睁大眼睛认真地问："一辈子有多长？"

一辈子有多长？这简直是一个古龙式的哲学问题，我回答不上来，也回答不了，只好敷衍地说："睡觉啦，睡觉啦。"

第二天是周日，爷爷奶奶照例把嘟嘟接过去了，我把小熊也赶出了家门，然后告诉阿姨不要来打扰我，就当我不在家。

那一天，我花了很多时间去想，如果真的得了绝症，我会选择怎样度过接下来的那段日子。

想了半天，似乎不会有变化：我仍然会去上班，我热爱工作和同事；我仍然会看自己喜欢的综艺节目，我需要放松一下；我仍然会自己照顾孩子，因为他们是我的生命之光。

大约唯一不同的便是，我会对自己更好一点，也会要求周围的人对我更好一点吧。

比如，让小熊多抱抱我，让嘟嘟和双胞胎多亲亲我，让家人和朋友多陪陪我，让同事们更卖力干活。

面对死亡威胁的我，仍然选择过现在的生活，那么现在的生活在我心中已经是最好的了。

周一的一大早我请假去医院做了复查，在接下来的三天中，一边怀着忐忑和恐慌的心理等待着结果，一边照例处理自己的日常事务：安排嘟嘟的幼儿园面试，安排几天后的俄罗斯行程，开工作会议，找同事谈心，合并公司两部门，面试新同事，跟小熊讨论工作和斗嘴，更新每天的公众号等。

三天后，我登陆了医院的APP，查看了自己的报告，赫然发现复查报告中我的HPV39呈阴性！我不禁想起那天医生跟我说，也有可能是体检中心检查错了。

那一刻，我对概率学表示五体投地！我，又是健康的我了！

后来，某个得知真相的同事对我说："水湄姐，那几天我真没看出你与平时有什么不同。"然而，这起事件把我弄得忐忑不安的同时也让我有了许多收获。

比如，我学会了很多医学术语，还学会了搜索论文的方法；我开始认真地思考我的人生，思考什么才是对我最重要的事和人。

此外，我重新审视我的人生，感激我所拥有的一切，包括孩子，包括爱人，包括同事朋友，包括我看到的花和树、灰尘和雾霾，包括那些我听到的音乐和噪声。

我想，等自己下一次面临选择出现害怕和犹豫的情绪时，我会拿出这几天的心情来告诉自己，没有什么失去是无法承担的，尽量不做让自己未来会后悔的选择。

同时，也要提醒所有人，要定期做检查，很多病如果能及早发现、尽早诊治的话，治愈概率会高很多。

在这次的误诊事件里，我最大的感受就是，如果我真的病了，那我一定要用最好的医疗设施和最好的药品，保证我在今后漫长的日子里能过得好一点。

而最好的医疗设施和药品，都是靠钱来支撑的。因此，即使你觉得自己年轻又健康，也必须要买保险，因为坏消息来的时候绝对不会提前通知你。即使你不为自己考虑，也要为家里的孩子考虑一下。万一有一天爸爸妈妈突然倒下了，你的孩子该如何面对以后漫长的生活？

情景延伸：保险是什么？

以前打仗都说“兵马未动粮草先行”，如果把理财投资当成带兵打仗，那么“保险”就是后方的粮草补给，可见保险的地位有多重要。

那么保险是什么呢？

保险是家庭和成员最基本的保障。

它最大的功能是在一个人或者家庭遇到危机时，给家人提供一笔物质保障。在现在这个充满了不确定因素的社会里，每个人都需要为自己合理配置保险。

保险在大病和意外来临的时候可以发挥以小搏大的作用。

现在的保险种类很多，我在这里说的主要是基本的消费型保险，也就是仅有保障功能、没有理财功能的保险。这样的保险缴纳的数额最少，保障作用发挥得最好。当然，购买保险不是到市场买菜，随便挑一个就可以，必须要找专业的公司或者精算师为你进行合理规划。

孩子也应该从小就树立保险意识。

其实，现在的孩子对保险的了解从很小就开始了。比如我带嘟嘟出门时，他就知道坐飞机要买保险。而且现在无论是幼儿园、小学还是中学，学校都会建议孩子们在上学期间购买一份附带意外医疗的意外险，虽然钱数不多，大概是100元保5万或10万额度，但是对于活泼好动的孩子们来说，也是非常必要的。

可是，保险也不是万能的，不是所有的问题都能通过保险公司解决。前几天我看了一个报道，说深圳有个青年得了重病，为了治病掏空了家里的钱。最后，他的老母亲看到自己有份保险，如果自己死了，儿子大概能拿到30万元赔偿。于是，她选择了跳楼自杀来骗取保费。这个男青年在母亲死后说：其实那份保险已经过期一年了。

我看了一下深入报道，其中提到，他母亲购买的这份保险是一份保额为30万元的定期意外险。而意外险中，自杀是不可以拿到补偿的。所以，即使这个保险没有过期，她自杀后她的儿子也拿不到保险金。在此，我想对各位父母说，在购买保险的时候一定要认真看合同条例，特别是不要在生病或者出事以后再买保险，因为保险公司也是有严格制度规范的，并不是何时何事都能理赔。

不过，我不用为嘟嘟过于担心，因为嘟嘟在我的影响下变得非常怕死。

有一天晚上，我为了早点回家打算带嘟嘟走一条小路，可是走这条小路我们就必须穿过一片黑黝黝的小树林，他忽然跟我说："君子不立于危墙之下，妈妈，咱们走大路吧！"

我一下子乐了：这孩子的爷爷是语文老师，整天教他"拽文"，他一般半懂不懂的，没想到这次居然用得这么贴切。

第10节
兑换和退税：为什么我们的钱在日本没法用了

嘟嘟的故事

两年前，我安排嘟嘟跟我一起到日本去出公差。到了日本机场以后，我让嘟嘟帮忙到机场的日本银行兑换日元。

嘟嘟拿着1万元人民币来到兑换窗口，略微有点怯生生地对服务员说，他需要兑换币种。按照当时的汇率，1万元人民币可以换回来169 400日元。嘟嘟看着交出去的钱拿回来居然变厚了，瞬间觉得自己变成了有钱人。

去年，嘟嘟又跟我一起到美国去旅游。到了机场以后，我又把货币的兑换工作交给了嘟嘟大人。

我这次也给了嘟嘟1万元人民币，嘟嘟拿着这1万元钱去兑换，谁知道拿回来的时候只有1 590美元！看着交出去时沉甸甸的人民币，拿回来之后只剩薄薄的几张美元，嘟嘟马上觉得自己好穷，去吃饭的时候连饮料都不舍得点了。

同样是1万元人民币，为什么换成日元和美元会差这么多？这就涉及本节将要讲述的汇率问题。

不过，我看着嘟嘟可怜兮兮的表情，现在没有心思为他科普这些。我安抚道："嘟嘟，别怕，这些钱足够我们生活。即使不够，咱也可以再换。"说完摸了摸他的头，然后点了他最爱的饮料。

我喜欢带嘟嘟旅游，每次到国外旅游我都想带着他。我们在国外旅游的时候会兴奋地游览当地的特色景观，也会给家人朋友买很多具有当地特色的礼物，而这些经历会开阔嘟嘟的眼界并给他留下深刻的印象。

水湄有话说：为什么大家都喜欢在国外购物？

我觉得中国有一句古话说得非常有道理——读万卷书不如行万里路。哈佛大学的校长福斯特在一场演讲中也曾经说过这样一句话："一个人生活的广度，决定了他优秀的程度。"生活的广度其实是一个人生活的格局，而一个人走过的路、读过的书决定着他的格局。

很多家长会教孩子认识货币，也想将汇率等概念向孩子解释清楚，可是货币、汇率对孩子而言是比较抽象的一个概念。如果家长带孩子到国外走一走，让孩子亲眼看看其他国家使用的货币，并让孩子亲自兑换一次货币，孩子就会明白不同货币之间的汇率是不一样的，所以有时候同样多的人民币拿去兑换不同的币种，拿回来的钱就会厚薄不一。

如果家长觉得出国比较麻烦的话，可以到网上给孩子买一本货币图册，让他去认识一下不同国家的货币在设计上有何不同。

孩子们初到国外肯定看什么都新奇，也可能心里有许多疑问，比如：为什么大人们都热衷于在国外购物呢？为什么国内也有的东西，爸爸妈妈还要在国外买呢？为什么同样的商品在国外买和在国内买价格会差这么大？为什么在国外买东西还可以退钱？大人们说的退税又是什么呢？

大部分国人平时生活非常节俭，可是一旦踏出国门旅游，许多人就一下子变得奢侈起来，各种任性地买买买，恨不得把国外的商店都搬回来。

为什么国人走出国门都喜欢购物？我觉得原因可能有两方面：一方面是国外的许多产品确实比国内便宜，而且还能享受退税优惠；另一方面可能跟产品质量有关系。就像在2006年三鹿毒奶粉事件曝光以后，到国外买奶粉就成了万千妈妈的选择。

此外，喜欢旅游购物可能也跟民族文化有关。许多国人平时节俭，外出旅游时则喜欢攀比，特别是跟团游时，如果周围的人都在购物，那么自己也不好意思太节省，于是往往出于攀比心买许多本不想买的东西。

孩子在平日里背着沉甸甸的书包去学校学知识，课业压力非常大，家长偶尔带孩子旅游放松一下，到外面去走走，让孩子认识世界这个大课堂，对孩子的身心发展是非常有好处的。

情景延伸：关于兑换货币的思考

因为工作原因，我会经常出差，只要情况允许，我一般都会带上嘟嘟和爷爷奶奶，也因此想给家长们一些建议。

第一，有条件的家庭可以尽量带孩子多去一些国家。带孩子出国旅游不仅能丰富孩子的阅历，也能让孩子感受不同国家、民族之间的差异。比如汇率和退税问题，就是他们在国内消费中感受不到的事情。

关于汇率，家长可以让孩子思考：为什么100元人民币到美国就变成了16美元，而到了日本却变成了1 700日元？这100元、16美元和1 700日元，购买力是一样的吗？

关于退税，家长可以让孩子思考：为什么我们在本国购物不用退税，在国外购物反而可以退税？为什么外国人在自己的国家购物则不需要退税？我们在国外购物享受退税，那外国人在中国是否也享受这个退税政策呢？

另外，在国外购物的过程中，家长可以有意识地让孩子关注一下当地的物价，比如他最喜欢吃的水果在国内卖多少钱？在美国和日本又卖多少钱？为什么不同国家之间同一商品的价格会有如此大的差异？……这种刻意练习，可以训练孩子对价格的敏感度，让他从小养成精打细算的习惯。

第二，在国外消费也要合理规划，做好预算。假如你出过国，相信你对国人在境外的购买力有着非常深刻的体会。这一方面说明现在大家的经济条件好了，更加追求生活品质；另一方面也说明，许多人身处国外时在消费方面缺乏理性的规划，陷身消费的氛围中无法自拔。有的人可能外出消费一次，回家要省吃俭用好几个月才能还完信用卡。所以，无论到哪里旅游，都应该提前制定消费预算，列出购物清单，并严格按照清单购买。特别是家长带孩子出国时更要这样，防止孩子在不知不觉中受到家长的影响。

要多消费人文、少消费物品。所谓人文，就是国外的文化、艺术、历史以及美好的景色。如果带孩子去了巴黎，就应该带他去参观各种著名的博物馆、艺术馆、教堂和宫殿；如果去罗马，最好能带他去听一场歌剧。而不是带着孩子一头扎进各种奢侈品或者免税店，一味地消费，满足自己的购买欲望。

第三，帮助孩子挑选有特色的旅游纪念品。通常我们出国旅游，回来时总要买上一些小纪念品馈赠亲朋好友。所以，家长教会孩子选择合适的旅游纪念品是非常重要的。一方面礼物不能太贵重，另一方面还要符合孩子的年龄。一般来说，一些独特的文化产品、明信片、邮票或者特色小食品，对于孩子来说就是适当的。

亲子游戏：出国小体验

1. 家长带孩子一起学习各国货币符号，并查一查当前的汇率。

2. 家长和孩子一起查一下出国购物退税包含哪些税项？

3. 如果今年有出国旅行计划，请家长带孩子一起制定一个旅行消费的清单。

第11节
骗局与自我保护：潜伏在孩子身边的骗子们

嘟嘟的故事：“孩子，你帮帮我吧！”

嘟嘟年纪还小，平时出门基本上都有爸爸妈妈或者阿姨跟着，所以没遇上过什么形迹可疑、奇奇怪怪的“叔叔、阿姨或者爷爷、奶奶”。

有一次，我的朋友告诉我，她的孩子在放学的路上，遇到过一位大学生模样的青年。那名青年说话带着浓浓的香港口音，他在大街上拦住孩子，说自己是到上海来旅行的香港大学生，因为忘记了提前兑换人民币，所以现在没法坐车，也没法吃饭。他拿出一张面值为1 000元的纸钞问孩子：“能不能帮忙换成人民币？”结果孩子不认识港币，自己身上也没带那么多钱，所以不知如何是好。

忽然，孩子想起自己跟父母出国的时候，都是到当地的银行去兑换外币的，所以对那个人说，前面不远处有个银行，我可以带你到银行去换钱。那人听了以后，反而迟疑了，连连摇头说："不用了，不用了，我再问问别的人吧。"

朋友跟我说起这件事的时候，言语间充满了担忧，同时感叹现在潜伏在孩子身边的骗子，实在是无孔不入。

其实，生活中被骗子盯上的又岂止是孩子，有时候成年人亦不能幸免。我在这里要分享一个公司刚刚迁入新址时，我自己在产业园的门口遇到两个骗子的故事。

那天傍晚，小熊碰巧有事，所以一下班就先走了。

我走得有点晚，等走出公司所在的产业园时，天色已经完全暗了下来。

从产业园门口步行至最近的地铁站大约需要20分钟，因为天黑，我决定找一辆共享单车骑过去。就在这时，不知道从哪里跑出来两个人，一男一女，他们操着某种我说不出的方言，嘀嘀咕咕地向我走过来。起初，我根本没想到他们二人是向我走过来的。当时，我正拿着手机专心地找单车。

在距离我大概一米的时候，那名男子突然开口："小姐，可不可以借我点钱？"

我被这声音吓了一跳，左右看了看，确定他是在跟我说话。随后，我的大脑立即开始飞速旋转起来：借钱，他是在说要跟我借钱吗？

“小姐，是这样的。我们是安徽来这边做生意的，刚刚把钱包弄丢了，这边又没有熟人。你先借我点钱好不好？我这里有证件，给你看……”那男的也许是见我没有应答，又接着说出这一段。

我心下顿时明白过来，这应该就是诈骗了。

“十元，十元也行！”那名女子在我迟疑的时候突然大声嚷了起来。

“对不起，我身上没带钱！”我随口说了一句，推起开锁的单车就要走。

“那你包里放着什么？包里肯定有钱！”女人大声嚷着。

看来这是看到“借”钱不行，准备明抢？我顿时紧张起来，毕竟我的双肩包里确实放着一些钱，钱被抢走事小，但是他们抢了钱之后会不会再做些别的事情就不好说了。

正巧这时，我突然看到创业园的保安走了出来，他好像是要在外面透个风，抽支烟。于是，我连忙大声对他喊道：“保安师傅，这边有两个外地人丢了东西，麻烦你帮忙报个警！”

保安听到我喊，拿着烟盒一脸疑惑地看着我。我一边推着自行车向他跑去，一边继续说：“他们把钱丢了，现在没地方去，你赶紧帮他们报警吧！”

等我终于跑到保安身边，转头回去看时，那对男女已经迅速地走远了。这时，我才发现自己的心跳得飞快。简单地给保安解释了一下事情的原委后，我以平生最快的速度骑车往地铁站奔去。

水湄有话说：无现金时代，骗术也升级了

说句实话，我那天碰上的两个骗子，算是很低级的了，骗术也是简单得可以。

我算了一笔账，像他们这样行骗，即使按照一天16个小时来算（剩下8小时睡眠时间），能上当受骗的人恐怕也寥寥无几，得是那种爱心超级泛滥（实则智商太低）的人才有可能受骗。而且，有几个人能给他们超过20元的钱呢？而且，在手机支付极为便捷的情况下，现在很多人身上可能连1元现金都找不出来。

就这样的骗术，一天最多能挣几百元——这恐怕满足不了他们的需求。

除非他们连骗带抢……但，那样的话，被警察抓住的概率也会直线上升。

要想提高效率，骗子必须要提高针对性，尤其不该选择来创业园这样的地方进行行骗。要知道，在职业场所行骗成功的

可能性是很低的，毕竟人身处工作场合时，多数情况下都是靠理性来作出自己的判断的。

骗子可以选择人口密集的社区——最好是那种很多老人带小孩的密集型小区或者学校附近，因为学生们普遍更具有同情心，这样才能让他们的骗术被更多人相信。

天呐，我好像是在帮助骗子们做经营分析？——这该死的职业习惯！

但是，你难道真的以为，我不说这些，骗子们就想不到吗？

先说骗子的主要“用户人群”——老年人。

因为没找到中国的官方数据，只能用日本的数据来说话了：2012年，在日本遭受电信诈骗的人里59岁以上的老年人占了将近70%。

以我国现在人口老龄化的趋势和骗子数量之众多，范围涉及之广泛，经历过诈骗的老年人，恐怕不会少。

再说骗子的第二大“目标人群”——学生。

据不完全统计，2017年全年，电信网络诈骗案件的报警数量中，有19.35%涉及学生群体。针对大学生的网络电信诈骗，以网购退款、网上兼职、低价订票等类型的居多；而针对中小学生家长的则以假冒“校讯通”短信谎称孩子受伤生病等为主。

所以，以上分析的两大群体：老人和学生，早已成了骗子们公认的目标对象。他们针对老人和学生的骗术也是多种多样，手段层出不穷。

情景延伸：明明我是帮别人，为什么心里会不好受？

平时走在路上，总是不免遇见以下几种情景：

穿着校服的女孩坐在路边，面前放着一张纸，纸上写着"被人骗，急需××元路费回家。"

穿着一身职业旅行装备的"驴友"，背着一个不小的背囊，蹲在路边，面前的纸上写着"徒步旅游途经此地，需要××元住店吃饭。"

又或者是灰头土脸的妇女，抱着嗷嗷待哺的孩子，只等着好心的路人施舍给孩子一些救命钱。

……

带着孩子的家长在遇到这种情景时，也许会有一个矛盾的心态，如果自己的孩子说："那人太可怜了，爸爸妈妈我们帮帮他吧！"那家长到底是应该给钱，还是不给钱呢？

给钱吧，会感觉自己的智商受到了侮辱——现在的大街上实在有太多相似的套路，十有八九是假的。

可是不给钱吧，又怕会让孩子迷惑——爸爸妈妈不是告诉我要乐于助人吗？为什么看到别人有困难却不伸出援手呢？

我一个朋友的女儿，大概是由于天性善良，虽然已经到了上大学的年纪，遇到这种疑似“骗子”的人要钱，还是经常会给。有一次，她一个人在广州乘坐地铁，正在地铁站看线路图的时候，忽然一男一女跟她说钱包被偷了，希望她能给点钱让他们坐车回去，还说，如果不相信，给他们买张地铁票也行。

女孩半信半疑，但想着买地铁票总是可以的，不过是几元钱的事情，于是就走到售票机旁，问这两个人去哪里，两个人说去“黄阁”。女孩在售票机上选好到达站后，发现每张票居然要10元钱！当时就觉得有点不对，但似乎已经“骑虎难下”了，她最后还是为那两个人买了这两张票。

事后女孩才终于想明白——买了地铁票，也可以再到人工柜台退呀！

女孩将这件事讲给了自己的妈妈，并向妈妈说，她觉得心里非常不好受，感觉是“被人耍了”。

其实，我们的孩子受中华传统美德教育长大，同时，校园和家庭的过度保护将孩子和真实的社会隔绝开来，使他们如同身处“真空区”。等到孩子们走入社会的时候，难免会有一些困惑和不解：我明明是在帮别人，为什么觉得“怪怪的”？

我开理财教育公司8年了，有很多客户也跟我讲过他们自己过去被骗的经历。骗术多种多样，但总结下来，骗子能得逞的很大一部分原因是利用了人们的同情心或是贪欲。

针对同情心的问题，我的建议是延伸经济学理论下的“社会分工”和“专业化”，也就是让专业的人做专业的事。什么意思呢？很简单，如果孩子问家长为什么不给钱帮助那些“可怜人”的时候，家长可以直接回答：因为这些事，可以交给警察叔叔。爸爸妈妈平时的工资，就有一部分会以“税”的形式交给国家，国家会帮助这些人。而如果想让孩子学会分享和慈善，可以找到一些平台捐款，或者让孩子收拾一些自己的旧衣服或者不要的旧玩具，捐给有需要的人。

而针对贪欲的问题，因“贪”受骗的人群大多是成年人，这就要求家长自己首先具备防骗意识，其次，再教导孩子如何防骗。

针对现在形形色色的骗局，我有以下几个建议：

家长在教导孩子善良待人的同时，也要给孩子普及足够的法治知识和防骗常识。善待他人是中华民族的传统美德，但也是骗子喜欢利用的一点。特别是对于一些青少年，不假思索地“帮”一个不相识或相识不久的人，是很危险的一件事情。家长一定要尽早向孩子进行法治教育和防范教育，可以通过带孩子收看法治频道、了解法律常识等方式，提高孩子的防范意识，以免孩子因为轻信和善良，而落入骗子的陷阱。如果一旦上当受骗，一定要第一时间报警，不要因面子问题或者觉得金额很少而“自认倒霉”。

独自在外上高中或大学的孩子，一定要关掉小额免密支付的功能，对外付款时一定要输入密码才可以。现在许多骗子利用支付宝或微信账号的小额免密功能，通过让人关注钓鱼二维码、诈骗链接来骗钱。家长要及时提醒孩子关闭此项功能，防止财物损失。另外，还要叮嘱孩子不要轻易扫一些陌生的二维码，有些骗局会利用扫码送礼的方式做诱饵。不知情的人为了贪图一些所谓“免费”的小礼物，却有可能会面临钱财损失的风险。

让孩子学习一些投资理财知识，懂得识别基本的骗局和风险。在长投反映曾经有被骗经历的人，很多都是因为不了解投资品，自以为是遇到了千载难逢的好机会，其实就是被骗子割韭菜。所以我建议，家长一定要首先学好理财知识，再将其讲述给自己的孩子，让他理解投资的意义，至少让他可以区分高风险和低风险投资品。在投资方面把握住一个核心原则，就是“不懂的投资不要碰”。

另外，还有些家长喜欢带着孩子一起买彩票，有的人还听信“小孩手气好，容易中奖”这样的话。在我看来，这种行为要有个度，偶尔买张彩票玩一玩是可以的，但不能寄希望于彩票。因为家长的这种心态有可能会让孩子形成“不劳而获”“天上掉馅饼”的观念，让孩子从小种下“我要一夜暴富”的有害思想。

亲子游戏：骗子话剧表演

家长可以跟孩子进行话剧表演，家长扮演骗子，来考一考孩子应该如何应对骗子。

第12节
金钱与品格：
孩子偷拿家里的钱，怎么办

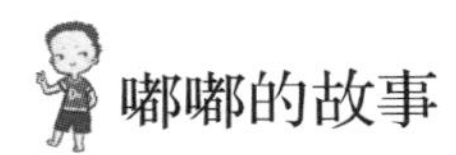

嘟嘟的故事

我的微信公众号后台收到过很多宝妈有关“孩子偷钱怎么办”的提问。

曾有一个家长跟我说，她的孩子接连好几天，一直念叨着一个幼儿园同学的新玩具多么厉害。那几天她感觉自己的耳朵都快听出茧子来了，好像做梦的时候都有个小人在耳边催着她买玩具。

但因为那款新玩具并不便宜，所以她一直没有给孩子买。有一天，她发现早上放在书桌上的100元钱不翼而飞了，那是她在早上洗衣服时不小心弄湿后特意拿出来放在那里晾干的。这位妈妈问了一圈家里的人，大家都说没有拿。

可当天晚上，她在给孩子讲故事的时候却在孩子的枕头底下发现了那张不翼而飞的还皱巴巴的100元钱。

这个妈妈告诉我，她当时只觉得脑子“嗡”地一响，什么“小时偷针，长大偷金”的想法都在瞬间被炸了出来。可是看着孩子熟睡的乖巧面孔，还是于心不忍，于是就留言问我怎么办。

水湄有话说：孩子偷东西，先别急着生气

面对孩子偷钱的行为，家长们的第一反应普遍是气急败坏，认为孩子学坏了，觉得应该先把孩子打一顿，才能让他长记性。有些家长在对孩子的这种行为痛心疾首的同时，还会担忧孩子这么小就学会偷东西了，长大后可怎么办，于是这些家长除了打孩子之外，还会对其大加训斥。但是，打和骂其实并不能解决孩子偷钱的问题。没有正确的引导，孩子很可能会一犯再犯，一偷再偷，甚至为了掩饰偷窃开始对父母撒谎。

我有个朋友曾跟我说，她小时候跟家人一起逛商场，看上了一套芭比娃娃的套装礼盒。那个礼盒里有一个笑容甜美的芭比娃娃，娃娃身上披着精致的礼服披风，旁边还另配了两件漂亮的公主裙可供更换。但是，芭比娃娃在当时并不便宜，需要

100多元钱。那可还是在20世纪的90年代，那时的100元，可比现在的100元值钱多了！

她很担心父母不同意，于是就没有跟父母说，而是偷偷地拿着自己的压岁钱，一个人跑到商场里把娃娃买了回来，但之后心里却有了很深的负罪感。

她的父母知道这件事后简直是捶胸顿足：你怎么不早告诉爸爸妈妈呢？其实可以不用花钱的啊。

原来，当时父母之所以去商场，就是因为单位过年发了那家商场的购物券。能用券去买的东西，孩子却用了真金白银去买，那感觉就跟白白损失了钱一样。

这个故事和孩子偷钱看似没什么关系，实则背后蕴含的道理是一样的——家长和孩子缺乏沟通。家长不了解孩子的内心想法，而孩子本身对钱并没有太大的概念，想买的东西不敢跟父母说，于是就会想各种“下策”。

其实大多数孩子的目的都比较单纯，喜欢的东西就想买下来据为己有。小孩子对喜欢的东西有着强烈的占有欲，这是人的天性。但是，在孩子上学后，要循序渐进地教育孩子，让孩子知道世界上还有比占有物品和满足私欲更重要的事情。

另外，孩子撒谎了，家长不必急着去打骂孩子，而是应该先冷静地分析孩子说谎的原因，然后再对孩子进行针对性的教育。

在教育孩子之前，家长不妨想想，自己在小时候撒谎时是出于什么样的心理，当时又为什么会选择撒谎。

我记得电视剧《蜗居》里面有这样一个情节，海萍的女儿从妈妈钱包里偷钱。海萍发现后很郑重地告诉女儿，你做了一件不好的事，这让妈妈不高兴，你以后不能做，所以妈妈要罚你，你选一样：是明天不能吃糖，还是周末不能去游乐场？

我个人觉得这是一种比较合适的解决方法。一般而言，家长在了解到孩子们的真实诉求并且平心静气地与他沟通之后，再让孩子体会偷钱的后果，孩子就不会再犯同样的错误了。

情景延伸：金钱与品格的关系

有的孩子看到同学有好吃的零食、新款玩具、名牌书包、漂亮鞋子、精美文具等物品时，会很羡慕，直接问家长要钱买，家长往往不会同意，而且常常用一句“没钱”就把孩子打发了。而孩子为了和同学攀比，又或者是为了满足自己的虚荣心，就会试图拿家里的钱去买这些东西。

站在孩子的角度来看，孩子或许并不理解“偷”的概念，认为自己只不过拿了家里的一点钱。他们或许还会疑惑，拿家里的东西算偷吗？为什么大人们要说我偷呢？为什么我拿了家里的一些钱，他们就要摆出一副气急败坏的样子呢？

不少家长一旦发现自己的孩子偷了钱，就顿时觉得天都要塌了，有的家长逢人就诉说自己的孩子是如何的不争气，恨不得让全世界都知道孩子偷了东西，生生地给孩子扣上“小时偷针，大时偷金”的帽子。认定孩子品德不好，开始处处提防孩子，反而会将孩子推进深渊。

孩子也是一个独立的个体，有自己的情感，父母需要考虑孩子的自尊心，为孩子在别人面前留面子。试想，如果每个人都知道孩子做了坏事，孩子该怎么面对自己的亲戚朋友？他会不会因此萌生破罐子破摔的心理？

那么，家长应该怎么对待孩子偷钱的行为呢？

第一，了解孩子偷钱的动机。

发现孩子偷钱，家长不能一味地指责孩子，需要首先反思一下自己的行为。比如：自己是否平时从来不给或很少给孩子零花钱？对于孩子想要一件东西的愿望是不是从来没放在心上？

我自己也曾反思过这两个问题，嘟嘟曾经有一段时间心仪一个变形金刚玩具，可那时我总是很忙，没有把孩子的这个心愿放在心上。因此，我和嘟嘟商量，决定每个月或每个星期定期定额地给他一些零花钱，让他自己掌控、使用。

如果家长平时会给孩子零花钱，就要看看给孩子零花钱的金额是否符合孩子当前年龄的消费需求，如果不够，那就需要适当地增加孩子的零花钱。

第二，告诉孩子，“偷东西”是错误的行为。

家长首先需要向孩子解释“偷”的概念，让孩子意识到“偷东西”是错误的行为。未经他人同意，就擅自把别人的东西拿走，这就属于“偷”，是要受到处罚的。例如，公交车上有小偷拿走了一位乘客的钱包，小偷的这种行为没有经过那位乘客的同意，因此属于“偷”的行为。依照法律，个人的私有财产不可侵犯，小偷的行为一旦被别人发现，就会面临被警察抓起来并接受法律制裁的危险。

第三，鼓励孩子为了想买的东西而努力。

孩子经常会因为喜欢上某件东西而缠着家长，非要家长帮自己将它买回来不可。许多家长常常因此手足无措，买，不划算；不买，孩子就誓不罢休。这实在是一个两难的选择。

不过，这恰恰是家长教育孩子的一个良好时机。

首先，家长要教孩子区分什么是需要的，什么是想要的。假如有些东西孩子确实十分想要，可以使用技巧或者储蓄游戏引导孩子自己攒钱购买。

家长可以指导孩子自己制定目标，把想要购买的物品名称和物品金额写下来。

变形金刚是嘟嘟一直心心念念的玩具，为了这一目标，我鼓励嘟嘟把钱存下来，放进存钱罐里，并让他学会记录自己每天积攒下的钱。有了目标，而且存钱的过程是孩子自己看得见、摸得着的，他就会更有动力去努力攒钱，同时，这也能培养孩子的延迟满足感。

此外，家长还可以鼓励孩子自己寻找赚钱的机会，比如教他收集空的易拉罐、旧报纸等物品卖给废品回收站。孩子用劳动换取的金钱来购买东西会更加珍惜，同时也能帮助孩子养成吃苦耐劳的品质。

亲子游戏：偷东西经历分享

与孩子分享一次自己（或朋友）小时候偷钱的经历，并且耐心地告诉孩子：偷钱并不是十恶不赦的坏事，关键是要和父母沟通，要懂得尊重他人的财产，还要学会控制自己的欲望。

经历分享：我认识一个“80后”女生，她跟我分享过自己小时候偷钱的经历。

那时她还在上小学，当时正在流行动画片《美少女战士》，她也非常喜欢这部动画片，但是电视台每天只播1集，根本不够看。更何况，她看了一遍，还想再看第二遍、第三遍。那时她家附近有卖这部动画片的VCD的书店，但那是正版引进的，要20元（2集）一张，想要买一整套的话，需要的钱在20世纪90年代可是一笔巨款。她每次和爸爸去书店经过音像区时，都要去放着《美少女战士》VCD的货架那里看一看。有一天，她看到爸爸在买东西时掏出的钱包鼓鼓的，觉得自己只拿一张应该不会被发现。于是，在当天晚上，她就偷偷地从里面抽出了一张50元的纸币。但拿到这50元之后，她承受了非常大的心理压力，也根本不敢将钱拿去花。第二天，她放学后回家看电视，里面正放着动画片《俏皮小花仙》，她的爸爸就坐在她的面前掏出钱包数钱。她告诉我：那个时候，她觉得自己像快要死了一样，浑身的血液都是凉的。后来，她悄悄地把钱放了回去，也跟家长说明了自己想要买一套《美少女战士》VCD的愿望，她的家长在经过慎重考虑后答应了此事。如今，她自己也学会了理财，而《美少女战士》则成了她童年里最珍贵的回忆。

第 13 节
受用一生的投资思维：5岁就应该学会的道理

这一章纯粹是水湄妈妈想象出来的5岁嘟嘟的情景（嘟嘟现在4岁），不过，这一节的内容对孩子、对家长和家庭财产规划而言，都很有用。读者不妨以看故事的心态看一看。

嘟嘟的故事

在我看来，对于有家有口的成年人，理财投资是一门必修课。

然而，大家对理财投资总是有种种误解。有很多人觉得理财投资很难，要看各种数字和图表。其实并不是这样的，理财真正需要的其实是人的理财思维。

富人跟穷人最大的不同就是思维方式的不同，记得有一本书叫作《幼儿园教会我的人生道理》，讲的就是人生中很多重要的准则其实幼儿园都教过。在水湄看来，理财投资的道理亦然。其实，一位5岁的孩子，他在日常生活中就已经能学到很多有趣的投资思维方法了。

我们还是从未来的嘟嘟说起吧。

有一天，嘟嘟和幼儿园的小朋友们一起出去郊游，老师们拿出了一筐苹果招呼大家来吃。嘟嘟心想，我一定要挑个最大的。他虽然只有5岁，不过通过拿着标尺量直径，用天平称分量，甚至用阿基米德浴缸法来算体积，在1小时7分23秒后，嘟嘟终于挑出了一筐苹果中最大的那一个，心满意足地吃到了嘴里。

可是，他转眼一瞧，一旁的阿布同学已经吃完了两个苹果！

在你仔细挑选最大的苹果时，阿布同学已经两个苹果下肚了。花了很长时间，用了许多工具精心挑选出的一个最大的苹果，嘟嘟心里觉得自己肯定是占到了便宜，可是居然有人迅速用两个苹果的业绩打败了他。

在吃苹果上没有占到便宜的嘟嘟很恼火，转头就去玩乐高玩具了。

嘟嘟自己拼出了一个变形金刚，正在得意，没想到扭头就看到了阿布同学也用乐高拼出了一个变形金刚，而且阿布同学的变形金刚还会走路，四肢是可以活动的。这时候，一个被称为幼儿园“消息大王”的同学跟嘟嘟说：“你去抢吧，阿布他肯定不敢告诉老师。上次我抢了他的小汽车，他也没敢告诉老师。”

于是，嘟嘟同学一把将阿布同学的变形金刚抢了过去。阿布同学大哭，正好老师路过，问阿布怎么回事，阿布鼓起勇气，把事情的原委一五一十地告诉了老师。结果不但抢来的玩具还回去了，嘟嘟还被老师教育，被小伙伴嘲笑，回家后更是免不了被家长进行责罚。

从上面两件事情，嘟嘟应该学会一些道理。

第一，永远要知道什么才是最重要的事。

就拿吃苹果这件事来说，与其花好多时间去挑一个最大的苹果，还不如去找两个苹果，然后直接吃下肚子。

永远要知道什么才是最重要的事，然后在那个上面花最多的时间，投资是这样，生活其实也是这样的。

第二，不要随便相信听来的消息，要有自己独立的判断。

这件事之后，嘟嘟再也不肯相信“消息大王”和其他幼儿园小朋友的小道消息了，他学会了自己思考。当他去做一件事的时候，他会首先想想这件事有没有风险。如果有风险，他会去弄清那会是怎样的风险，自己能否承担这样的风险；如果经过思考确定没有风险，而且还能获得收益，他就会放心地放手去做。

水湄有话说：学会理财，给孩子更好的未来

从我最开始在豆瓣写理财专栏，到现在自己开理财教育公司，前前后后已经过了将近十年。

这十年间，我一直都在接受读者们通过各种渠道进行的咨询：

问：请水湄说说如何用互联网思维在打车软件里省钱。

答：我相信通过各种方法比较，是能揭示出哪款打车软件更省钱这个秘密的。但我更加确信的是，即便是经过这种仔细而精密的计算分析，每次打车省下的钱也不过就只有5元、10元，一个月下来，也就是一二百元的事儿。问题的关键在于，这种分析计算花去的时间成本值得吗？同样的时间，如果用于工作，也许可以赚到更多的钱。

省钱的关键，不在于省钱的技巧本身，而在于你要明白哪里才是省钱的关键。有时候省关键的一次，比平时省的十次八次加在一起还要合算。

我刚工作的时候收入不高，自己每个月进行一些定额储蓄，再刨除基本的生活开销，余下的钱就不多了。女生平时都喜欢买衣服，因为可自由支配的钱不多，所以我就一直挑便宜的买。我母亲得知此事后，就一直教育我，说衣服宁愿买贵一点的，只要料子上佳、款式经典，就可以穿很多次；便宜的衣

服穿不了多久就扔了，反而不划算。随着年龄的增长，我慢慢明白了母亲说的这个道理。我七八年前买的一件羊绒大衣，价格三四千元，到现在还经常穿。而三四百元买的化纤质地的大衣，在冬天里穿，一摸金属物品就会起静电。因此，穿个一两次就被扔在角落里积灰去了。

在这个例子中，买贵的衣服，反而是省钱；买便宜的衣服，反而是在浪费钱。

问：余额宝和理财通哪一个收益更高？

答：水湄为了能让这个问题的答案更加直观，决定以身试“宝”。我分别在支付宝的余额宝里和微信的理财通内各存了10万元，希望可以通过实际数据来回答这个问题。

时间过去了10天，结果显示微信的理财通收益稍高一些。不过这两款理财产品的10万元钱存10天收益的差额也就不到两元钱，准确的数字是1.86元。

让我们暂时忽略两种理财产品在一年内收益波动这个变量问题，只按照目前的这一收益差额计算，即便是100万元的资金，存1年的收益差额也就700元不到。也许你会说，700元也是钱啊！700元当然是钱，不过如果你有100万元的资金，在年底的时候，只需留出几天做国债逆回购，收益就已经超过这个数了。如果你运气好一点，在年初打中个新股，收益就是这个数的几倍了。

问：听网上某个股神说，××股马上要大涨，我这次买了一定会赚钱的！

听说比特币能赚大钱，去年都涨了300倍了，我也要去挖币。

听说网贷最近很流行，要不我也去试试？

答：然后呢？——好像就没有然后了。

姑且撇开这些人到底是在投机还是在投资的争论，我们假设以上这些机会都是有人可以赚到钱的，但那个人真的会是你吗？只听信各种消息，不肯花一点时间收集资料、不去认真学习、无法独立思考的人，就只想等着天上掉馅饼，但天上什么时候掉馅饼，馅饼又会掉到哪里的"那些消息"真的靠谱吗？

情景延伸：学会富人思维，你就是孩子的起跑线

很多人觉得投资讲的就是金钱，这话当然没有错。大部分人学投资的目的就是想变得更有钱，从而改善自己的生活品质，让自己有能力去做想做的事情。但是如果让我说的话，恐怕投资是一种思维方式。

投资教会我的思维方式有很多，如果论其中最为重要的，我觉得应该是以下3点：

1. 数字化的思维

数字化的思维方式我写过不少次，例如人们常说的10 000小时成就天才这件事，就是一个典型的数字化思维。要在一个领域里做出一点成就，就需要投入大量的时间，具体投入多少，肯定每个人都不一样。但是，如果投入的时间足够多，那么就一定能做出一点成绩来。

有了数字化的思维方式，生活中很多模糊的地方就能变成确定性的答案，这不仅在投资当中适用，在生活中的各个方面也是非常重要的。

假设我问嘟嘟："你这次考试考得怎么样？哪些科目成绩比较好？哪些科目成绩差一些呢？"

嘟嘟回答说："还不错吧，跟上个月差不多。每个科目都差不多，我也不知道哪个更好一些。"

你听了这样的回答，会有什么感觉？

可是，如果嘟嘟这样回答："我这次考试，总分比上个月多了20分，数学比较好，提高了40分；语文差一点，下降了20分。根据我的成绩，我觉得自己的数学更好了一些，语文则需要分析问题……"

我相信一般的家长应该都会对这样的回答感到满意，并非对考试的分数满意，而是对孩子的这种数字化分析问题的能力满意。

而且，如果孩子真的具有这样的数字化思维，那么对他来说，成功只是早晚的事情。

2. 独立思考的精神

很多人在刚学习投资的时候，都非常期望看到一些投资技巧性的提示。什么叫技巧性的提示呢？就是说，当天我在文章里提到××可转债，你立即去买了，然后第二天它就大涨40%，你赚得盆满钵满，这便是投资技巧性的提示。

无论在哪个领域，懒惰的人总是占大多数。这种懒惰不仅仅是身体上的，更是头脑上的。有时候我甚至觉得，这个世界就是头脑勤劳的人来统治头脑懒惰的人。人们不想洗衣服，这是身体上的懒惰，于是头脑勤劳的人就发明了洗衣机。身体懒惰不想洗衣服，而且头脑也懒惰，没法发明洗衣机的人，就只能把钱拿出去向头脑勤劳的人买洗衣机。

在投资领域，这种头脑上的懒惰大行其道。很多人最喜欢的方式，就是“你就告诉我哪个会涨嘛，我跟着买不就行了吗？”投资并不是一件100%确定性的事，没有任何一位大师能做出100%正确的预测。小熊同学的精神偶像除了巴菲特还有塞斯·卡拉曼，但是小熊曾经在塞斯·卡拉曼抛售惠普股票的时候，继续坚定地持有，此举后来为小熊赢得了很高的收益。他的原话是：“当时我反复考虑过，觉得我自己的逻辑是正确的，而塞斯·卡拉曼可能是因为有更好的标的，或者其他原因才抛售的。”撇开赚钱亏钱这件事不说，忠于自己的思考判断，敢于同自己的精神偶像做出不同的选择，本身就是独立思考最好的表现。

3. 金钱，是工具而不是目的

很多人谈起投资，就想到金钱。没错，投资的最大目的就是让手中的金钱增值。可是，金钱增值本身并不是人生的目的，金钱增值只是一种手段，是一种让人生变得更为美好的工具。

金钱带给我的财富，不是那些看得见的更大的房子、更好的车子和更贵的包包，而是自由感。当我因为学习投资认识了我人生的伴侣，当我因为从事投资结识了更多志同道合的朋友，当我因为做长投网而让更多人得到了改变，当我随时可以跟不喜欢的事说“NO”的时候，我知道，金钱给我带来的，是远比财富本身更宝贵的自由。

我想，这才是我的梦想。

金钱，它永远不会是终点，可是，有了金钱，确实能让世界变得更美好。

这就是我认为5岁的孩子也应该懂的投资道理，或许，育儿也是一样。

第14节
贫穷与富有：如何跟孩子解释“贫穷”

嘟嘟的故事

自从嘟嘟解锁了“财迷”的天性之后，他开始对周围的人有了一些自己的判断。

比如，爸爸妈妈到幼儿园去接他放学的时候，他会指着其中几个小朋友说：“悠悠家特别有钱，她妈妈开着法拉利呢！”作为一个痴迷交通工具的孩子，嘟嘟对爆裂飞车、动车、飞机、挖掘机这些东西如数家珍，认识的车也特别多，尤其是豪车和名车。所以他觉得从一个小朋友家里开什么车，就可以判断出小朋友家里是否富有。

有时候他还会说：“小琪琪家里很穷，他爷爷穿的衣服特别旧。”看来，嘟嘟又找到了一个衡量财富的标准——衣服。

上次，我又听到嘟嘟在跟与我们同住一个小区的彤彤炫耀：“我家有三个保姆，你家有吗？”好嘛，这下连保姆的数量也可以代表家庭状况了。

每次听到嘟嘟跟我说这些事情的时候，我的内心都是五味杂陈，但我不会生硬地打断他或者教训他，而是因势利导，让他弄清楚这些表象后面的实质。因为我知道，孩子的天性是善良的，他不是在刻意和恶意地针对谁。

比如，他说我们家有三个保姆，觉得自己好像很富有的样子。我就会问他：“嘟嘟，请保姆要不要花钱啊？”

“要花钱。”这个问题倒是难不倒他。

“那花的钱是从哪里来的呢？”我继续问。

“当然是爸爸妈妈挣来的。”还好，没说钱是银行里取出来的。

“那爸爸妈妈挣钱请保姆，跟嘟嘟有没有关系呢？”

“啊？”嘟嘟好像有点糊涂了。

“妈妈的意思是说，在请保姆阿姨这件事情上，嘟嘟并没有做出什么贡献，那你又为什么要去炫耀不属于自己的功劳呢？”

“而且，悠悠的妈妈开法拉利，也是她自己花钱买的，跟悠悠并没有关系，对吗？小琪琪的爷爷穿旧衣服，可也没有偷别人的东西，对不对？”

“嗯……”嘟嘟大人好像有点明白了。

水湄有话说：美国富人为什么不留钱给孩子？

我看过一篇文章叫《美国人为什么不肯留钱给孩子》，里面就提道：在美国，父母从小就灌输给孩子一个概念：父母的钱不是你的，你对父母的财产不具有天然的权利。父母的财产，是父母通过对社会的贡献而得到的补偿。

而在这种思想的影响下，美国形成了非常矛盾的私有财产的交接特点——在这个保护私有财产制度最成熟的国家，财产的继承比例却非常低。什么意思呢？举个例子，纪录片《成为沃伦·巴菲特》中有讲到，全球著名的投资商——股神巴菲特，已经把他个人大部分的财产都捐献给了盖茨基金；而在1995—2007年连续13年蝉联世界首富的比尔·盖茨，则早早投入慈善事业；而“钢铁大王”卡耐基也曾说过：“一个人在巨富中死去是可耻的。”

但事实上，美国却没有“富不过三代”的说法，一般富人的子女，其未来也相当富有。追寻这背后的原因，很大程度上是因为——虽然富人没有将自己的财富传下去，却把财富的理念和创造财富的技能传递了下去。

这种创造财富的富人思维，要比直接的金钱有用得多。

对于富人来说，最值钱的是他们的大脑，是他们赚钱的能力。《小狗钱钱》的作者博多·舍费尔，在26岁的时候陷入了严重的财务危机。然而，他凭借自己坚强的意志和正确的投资理念，在30岁的时候还清了债务获得了成功，还出版了一本名叫《财务自由之路》的书。这本书里记载了很多富人思维的实用理念。

在穷人的思维中，只要我有钱，我中了500万、1 000万大奖，我就是有钱人；然而真正的富人追求的不是财产达到了某个具体的数字（静态），而是他可以不断地创造现金流，源源不断地有钱进账（动态）。

《华尔街日报》统计过，1993年到2002年中彩票的人中，有1/3在3年内破产，60%的人在10年内会破产。

彩票中奖仿佛就是个魔咒，为什么中了彩票的人，破产的可能性远远高于没有中彩票的人呢?

表面原因是大部分人都穷奢极欲、肆意挥霍，不仅在几年内把彩票中奖的奖金全部挥霍一空，甚至还欠下了一堆债务。

而更深层次的原因是：他们的财商和财产不匹配。

一般中彩票的人，往往社会层次不高。因为但凡有点积蓄的人很少会买彩票，人往往只有在最穷的时候才会指望通过彩票来改变人生，所以这些人的财商也普遍较低。

在中彩票之前，他们的财产和财商是匹配的——双低。

但是中了彩票之后，他们的财产急剧膨胀，但财商却依然低下，在随后的5到10年的时间内，他们的财产就会向着财商均值回归，直到两者再次相匹配为止。

而在中国，很多父母喜欢一手包办子女工作、结婚、买房、养孩子等环节，如果有100万元存款，慷慨的父母甚至愿意把这笔积蓄全部都给子女。但是，这其实并不等于真的给孩子留下了保障。因为这100万元可能会被孩子挥霍、被人骗走，运气好的话，子女买了增值的房产，但是因为不懂理财思维，到头来也是“纸上富贵”。

真正让孩子未来有保障的，是把他们的财商培养起来，让他们学会富人思维，拥有一个对金钱的正确心态，以及正确的做人品格。

当孩子拥有较高的财商之后，即便他们的财产暂时还不多，但迟早会达到另一种“均值回归”——财商和财产相匹配，双高。

而且，他们在未来，会一直拥有赚钱的能力和健康的金钱观和价值观。

情景延伸：如何跟孩子解释贫穷？

印度电影《起跑线》中有一个片段令我印象非常深刻：想

跻身富人阶层的父母为孩子准备贵族学校的面试，培训机构的老师在模拟面试的时候，告诉他们有个问题要划重点，那就是："你会如何跟孩子解释贫穷？"

结果，这个问题把父母给难住了。他们想来想去，无非是告诉孩子要会"分享""交朋友"等不痛不痒的回答。后来，这对父母为了帮孩子争取到贫困生的名额，举家搬迁至贫民窟，亲自体验了一把真正的"贫穷"，最后终于明白了贵族学校的局限，不再执着于所谓的"赢在起跑线"。

关于贫穷，我很喜欢《一岁就上常青藤》里面的解答：

"贫困有两种：一种是境遇贫困，其贫困的原因是生活中意想不到的曲折或者不幸的遭遇，比如自幼丧父、生在贫困家庭等。这种贫困往往是暂时的，可以通过个人努力而改善。另一种则是世代贫困，其贫困的原因在于特殊的'文化行为'，比如吸毒、酗酒、性生活混乱等。只要不改变这种'文化行为'，贫困就永远会存在。特别是如果孩子从家长那里学到了这样的'文化行为'，贫困就会不断地遗传。"

不得不说，这种导致世代贫困的"文化行为"，就是穷人思维。

很多父母在跟孩子解释"贫穷"这个问题时总是支支吾吾，甚至觉得"再苦不能苦孩子"，不能让孩子在财富上留下"心理阴影"，哪怕自己吃糠，也要把最好的东西留给孩子，这其实并无必要。

我上高中的时候有个同学，每次市面上出现了文曲星、随身听等新潮的电子产品，他都一个不落地收入囊中，起初我们都以为他家里很有钱。后来，他的父母有一天联系上了学校，询问可不可以给这位学生申请一笔助学贷款，我们才知道，原来他们家的条件并没有那么好。

在我看来，孩子对待贫穷和富裕的态度，很大程度上取决于家长的态度。

一个孩子自不自信、幸福还是不幸福，其实和家里的经济条件并没有什么太大关系。小孩子没有名牌意识，他们真正在乎的，是家长的陪伴、理解，仅此而已。

我从前在NGO工作的时候，接触过国内最大的富二代群体。说实话，他们既不像电视剧里演的“霸道总裁”那样无所不能，也不像狗血新闻里描述的那样堕落败家。在我看来，他们是一群非常单纯的人，因为从小在“无菌环境”下长大，绝大多数都相当“好骗”，有的人甚至被骗过好几次。值得一提的是，这些富二代们的幸福感普遍不高。这或许和“边际效益”有关，比如说，一个年薪10万元的人，通过努力在一线城市买了房子，他可能会觉得非常开心满足；然而一个年薪1亿元的人，他要是继续向上奋斗，需要达到多大的财富值，才能收获同样的幸福感呢？

最重要的是，这些富二代们的父母普遍没有太多时间陪伴他们成长，这些人的父母总是忙着处理业务、应酬吃饭，甚至在家的时候，也总有接不完的电话。

记得《奇葩大会》上曾来过一个富二代的嘉宾，叫戚帅，家产200亿元，大学一毕业就成了家族企业的CEO，不过他却说自己过得不快乐。为什么？

这并不是一种炫富或者矫情。戚帅虽然含着金汤匙出生，但是他的生活从小就被家人安排得明明白白，根本无法掌控自己的人生，还经常为此与父亲发生冲突。

我们要求孩子好好上学，对孩子进行财商教育，也并不是要孩子钻进钱眼里，成为金钱至上的人，而是让他们通过掌握财富来掌控自己的人生。让孩子拥有幸福快乐的生活，才是我们教育孩子的真正目的。

Part 3
与自我相处，培养财商思维

第1节
人际关系与社会责任：你会让孩子交一个自闭症朋友吗

嘟嘟的故事

自嘟嘟3岁以后，他开始在新的环境中结识新的朋友，也逐渐有了他自己的社交圈。

比如，在旅行过程中认识的“雷伊”，还有在幼儿园认识的同学们。

每次观察宝贝之间互动，看他们从争吵到和好，然后又开始赌气，之后再和好，如此循环反复。这种情形对于有些家长来讲，非常有趣。

有一次，嘟嘟在家里正自己玩着小火车，忽然间，他好像想到了什么，于是抬头问我：“妈妈，你觉得雷伊现在在做什么呢？”

我当时觉得这句话好像金庸《笑傲江湖》里令狐冲的心理活动——“此时的少林寺一片肃杀，千钧一发，大战一触即发，令狐冲却突然心中一动：不知道小师妹现在在做什么？”

哎，怎一个“愁”字了得啊！

不过关于孩子交朋友，我这位做母亲的内心戏可不止于此。

前一阵子，我收到出版社寄来的一册绘本，叫作《不可思议的朋友》，故事很简单，小安是一名自闭症的儿童，在学校无法与人正常交流，常常一个人大声地自言自语。

佑介是小安的同学，他一开始对小安充满了不解和戒备，可随着之后两人的深入交往以及他自身认知的改变，他和小安渐渐地成了好朋友。佑介长大之后与小安成了同在邮局工作的同事，他们的友谊超过了20年。

其实这也许并不是一本适合给孩子看的绘本，里面的故事连大人读起来都感觉沉重。

但看完之后，我却想到了一个问题。作为妈妈，我会让孩子去与一个患有自闭症的孩子做朋友吗？

水湄有话说：我也没有绝对的答案

其实我对于这个问题的第一个直觉答案是不会，也许，这可能也是大多数爱子心切的母亲的反应。

做母亲的总是怕很多东西，怕那个孩子会伤害自己的孩子，怕自己的孩子因此对世界生出黑暗的畏惧……

当然，如果在需要伪装自己的场合，我大约应该说会，类似要教育孩子善良、让他接纳弱小这类冠冕堂皇的借口可以找一大堆。

我初中的时候成绩很好，但偏偏喜欢跟班上成绩最差的一个女生混在一起，现在想来，父母那时应该也是担心的。我那个时候还妄图改造过“她”，希望培养她读书的习惯，心想太难的书她应该看不下去，要不然先从武侠小说开始吧。

于是，我借给了她一本《雪山飞狐》的上册，结果她看了半年都没看完，而且还再也没有还给我，使得我家这套书永远只有下册。

但说实话，与她关系特别好的那段时间，我确实摆脱了很多“好学生”的视角，从“差学生”的眼睛里看到了与我过去完全不同的世界。这段经历，很有可能就是影响我后来不只信仰高高在上的精英主义的原因。

而到了高中之后，我回到了上海，由于教育体制无法衔接，使我一下子从原本的好学生变成了“差生”，而班里与我关系最好的三位，是成绩可以排在女生前三里的人。但我似乎对此并没有什么心理障碍，一直乐呵呵地与她们做朋友到现在。

嘟嘟该上幼儿园的时候，我为他选择了蒙氏的幼儿园，其中很大一个原因是我很喜欢蒙氏的混龄教学。孩子刚入园的时候在班里是年龄偏小的，能得到班上年龄稍大一些的小伙伴的照顾，等过了一两年，孩子长大了，也就可以作为“大哥哥”照顾后进班的小朋友了。

孩子置身于这样的环境中，会在潜移默化中慢慢懂得，任何一个环境中都会有弱者和强者，遇见强者不必畏惧，遇见弱者也可以伸手相扶。

社会上有各种弱者，他们存在的意义，也许不一定是他们本身的意义，是这个社会会给予他们多少温度。

这个城市的图书馆，会不会让洗干净手的流浪汉进去看书。

这个城市的道路上，能不能让坐轮椅的人顺利地经过。

这个城市的地铁里，有没有一些自觉自愿让座给孕妇的人。

这个城市的孩子们，会不会照顾一个自闭症的朋友。

面对这个命题，我并没有绝对的答案，而是希望等嘟嘟长大了自己去判断。

情景延伸：拥有良好的社会人际关系，是最大的财富

美国正面管教体系创始人简·尼尔森，在她的《正面管教》一书中有过关于“社会利益”（又或者叫“社会责任感”）的诠释：它是指一个人真心关心同伴，并且真诚地想为社会做贡献。

关于这个概念，作者还在书中提到了一个故事：

有两个兄弟共同经营一个农场。他们的生活非常艰难，但收成一直平分。

这两个兄弟有一些不同，其中一个是单身汉，另外一个则有老婆和5个孩子。

有一天晚上，成家的兄弟在床上辗转反侧，他想：我们兄弟俩这么平均分配太不公平了！我有老婆，还有5个孩子，而我兄弟只有他自己一个人，等到他老了，没有人照顾他可怎么办？因此，他应该比我多分一些收成，起码要分2/3才合适。

与此同时，另一个兄弟也无法入睡，他想的是：我的兄弟有家有口，总共有7个人要吃饭；而我只有1个人，凭什么我和他拿一样的收成呢？应该是他拿超过2/3才行！

第二天，两兄弟都向对方说了自己前一晚的想法，这就是社会责任感起作用的一个例子。

心理学家阿德勒说过："培养孩子的社会责任感是极其重要的，如果年轻人不学习成为对社会有用的一员，学知识又有什么用处呢？"

与此同时，培养孩子的社会责任感，还有利于让他们拥有稳定的人际关系。试想，如果一个孩子拥有共情、同理心，能从他人的角度去设身处地地思考，他无论到哪，就算不是一个非常受欢迎的人，也一定不会成为招人讨厌的人。

你可能会问，发展稳定的人际关系有什么用呢?

美国有本畅销书，叫《百万富翁的意识》（*The Millionaire Mind*）。作者采访了许多家庭资产达到一百万美元以上的成功人士（这本书面世的时候，家庭资产一百万美元以上就算是中富阶层了）。他发现，这些人有一个共同点，就是婚姻生活非常稳定，家庭也非常美满。其实，这和经济发展需要一个稳定的社会秩序的道理是一致的：在没有战争、动乱的前提下，公民认真履行契约，遵守规矩，政府受法律的约束。这种环境下的经济参与者，才会建立稳定的个人信誉，别人会觉得你的行为是可预期、可信赖的，同时你也可以预期和信赖别人。与人相处的道理其实也一样。

同样的证明还有从1938年起在哈佛大学开展的史上对成人发展研究最长的一个研究项目：什么样的人最幸福。

这个研究项目一共持续了76年的时间，前后同时跟踪了724

人，积攒下了几十万页的访谈资料与医疗记录。最后它得出了一个什么样的研究结果呢？

也许你可能会认为，对人来说，这一辈子最重要的是财富、名望，又或者是成就和权力。但是，这个项目的研究结果并不是这样，在分析了所有被跟踪观察对象的资料后，研究人员得出的结论是：良好的社会关系更能让人们过得开心幸福。这个良好的社会关系包括：家庭和睦，同事、朋友、邻居以及亲戚之间关系融洽。

而且，一个拥有良好的“温暖人际关系”（warm relationships）的人，在其人生的收入顶峰（一般是在55~60岁）比人际关系处于平均水平的人每年多赚14万美元。

也就是说，一个人如果能和身边的人相处融洽，拥有良好的社会人际关系，那么他应该会比一般人过得更幸福，同时也更有钱。

所以，如果家长想让自己的孩子今后更加富足，那就让他拥有一个“温暖”的人际关系吧。

就算他在跟你玩的时候突然想起了自己的“女朋友”，家长也不要觉得奇怪和“吃醋”，这起码能说明——孩子是个“长情”的人呀！

 亲子游戏：你究竟有几个好朋友?

问问孩子最好的朋友有谁。

家长可以准备一张纸和一支笔，让孩子写下自己的好朋友的名字，然后再用一个词来形容每一个好朋友，启发孩子说出来：为什么自己愿意和他做朋友？自己从他身上取得的最大收获又是什么？

第 2 节
打破边界思维：
世界上真的有变形金刚吗

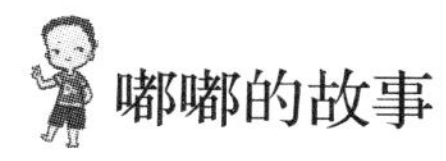

嘟嘟的故事

变形金刚真的是我家嘟嘟小朋友目前为止最爱的玩具了（和爆裂飞车不相上下）。

去年带嘟嘟去日本，给他买的新衣服和新鞋在试过之后，就再得不到他多一眼的关注了，倒是偶然在书店里买到的一个"擎天柱"让他开心地拿在手中玩了一路。今年带他去俄罗斯，大文豪托尔斯泰的豪宅入不了他的法眼，而在一个小加油站里花20元钱买的粗糙扭蛋"大黄蜂"，倒成了这次旅行中他最满意的纪念品。

最近嘟嘟在临睡前都喜欢问我同一个问题——"妈妈，这个世界上真的有变形金刚吗？”

“那你说呢？”

“我也不知道。我们班浩浩说了，他爸爸跟他讲，电影里都是骗人的。那妈妈你说，到底有没有变形金刚啊？”

本想偷懒的我，发现嘟嘟又把皮球踢回了我这里。但我认为直接回答“有”或者“没有”对嘟嘟而言似乎都不太理想，所以我不准备直接给他绝对的答案。

于是，我想了一下说：“妈妈其实也不太清楚。这样吧，嘟嘟先睡觉，妈妈去帮你打听一下，等妈妈知道了答案就告诉你。”

水湄有话说：你觉得这世界上有没有变形金刚？

这个问题实在有点棘手，于是我将它发到了妈妈群里，征询其他妈妈的意见。

一位妈妈回答：有的。

变形金刚的确只存在于人们想象的世界之中，但想象的世界也是我们生活的世界中很重要的一部分。这个世界里还有哆啦A梦、艾莎公主、米老鼠和唐老鸭等。

这位妈妈明确地区分了想象的世界和真实的世界，不失为一种办法。通过这种界定和区分，可以帮助孩子了解到抽象的概念，而且之后再遇见孩子提出类似的问题，比如：艾莎公主是真的吗？这个答案依旧适用。

但我不会选择这种答案，因为它“太残酷了”。嘟嘟不过是一个刚刚过了4岁的孩子，现在就告诉他那些他觉得很酷的人物只是存在于人们的想象之中，这未免有些太残酷了。

又有一位妈妈分享了她的回答：可能有，因为我们是碳基生命，而其他星球上可能有硅基生命，他们星球的法则和我们很不一样。

这位妈妈的答案相对而言是我个人比较喜欢的答案。首先，“可能有”这三个字避免了确定性的答案，给了孩子更多思索的可能性，这一点是我平时在教育孩子中比较注重的。因为孩子尚小，任何一种确定性的答案，都有可能切断他通往另外一个绚丽世界的路径，所以我更倾向于给孩子不确定的答案。

或者正如小熊所说：“大人就能确定变形金刚真的不存在吗？”科学本身就是不断进步的，人工智能在几十年前还仅仅存在于科幻小说中，但现在，关于此问题的研究进展神速，令它甚至已经算不上前沿科学了。

但这第二位妈妈关于碳基生命、硅基生命的答案，好处，是给了孩子细节性的阐述，让孩子有一个思维的方向。坏处，似乎也是给了孩子一个方向，杜绝了他向其他方向的拓展。不过，我还是很佩服这位妈妈的相关知识储备，我本人就完全不知道变形金刚有碳基生命和硅基生命的这种设定。

第三位分享答案的妈妈说：你可以问问孩子的意见，然后顺着孩子的想法给他一些鼓励或肯定。

这位妈妈的答案看似简单，但给予了孩子足够的空间去自我探索，任何答案都没有孩子自己心目中的答案来得有趣。虽然听上去这是一个有些偷懒的方法，但不失为一个聪明的办法。等孩子再长大一些，需要培养他一定的资料搜索和思维能力时，这个方法确实很不错。

情景延伸：拓展孩子的思维边界

3岁的妞妞在厨房里看着爸爸切菜："爸爸你知道吗？这个菜菜里面有只小狮子。"

"是吗？"爸爸轻描淡写地回答道。他想，这不过是孩子们的想象罢了，或者是幼儿园里的老师又讲了什么童话故事。

"爸爸你是不是不相信？"

"爸爸，你看呀。"妞妞拿着一截因为有点坏了所以被切下的苦瓜缠着爸爸让他看。

"我知道，这是一截苦瓜。"爸爸依旧不以为意地回答。

"这真的有个小狮子，你看啊！"

"那个坏了，不要了，快扔掉吧。爸爸要炒菜了哦，快出去吧，看动画片去。"

妞妞撅着小嘴出去了。

爸爸觉得这下世界安静了，就想赶快把菜下锅。

可是，他在清理菜刀的时候，忽然发现贴在刀背上的，同样来自这截苦瓜的一片切面确实很特别，看起来真的像一只长着一圈鬃毛的小狮子，甚至还有鼻子、眼睛和嘴……

爸爸有点后悔自己刚才的态度，不过他是真的没想到苦瓜里还能藏着一只“小狮子”。因为以前都是习惯切丝，今天因为坏了一块，才横着切开的……

“妞妞，爸爸看到小狮子了。”爸爸快步走出厨房去找妞妞……

这个故事是一位朋友分享给我的。

说实话，孩子们那些天马行空的问题和想法，有时候真的不好回答。

但我倾向答案能够有多种可能性，不把他的思维局限于特定的某一种。

美国教育学家提出一种Depth & Complexity的教育理念，即：培育聪明的大脑应该给它加以深度和复杂度的训练，而不是只进行简单的重复练习。

尤其对于幼儿来说，大脑的知识链接拥有巨大的潜力，要是在早期就把他所有的路径堵死，只留下家长认为“正确的路径”，那么他们在未来又如何拥有超越我们的思维能力呢？

记得曾经看过一个聪明孩子与天才孩子的对比列表，其中有几点让我印象深刻：

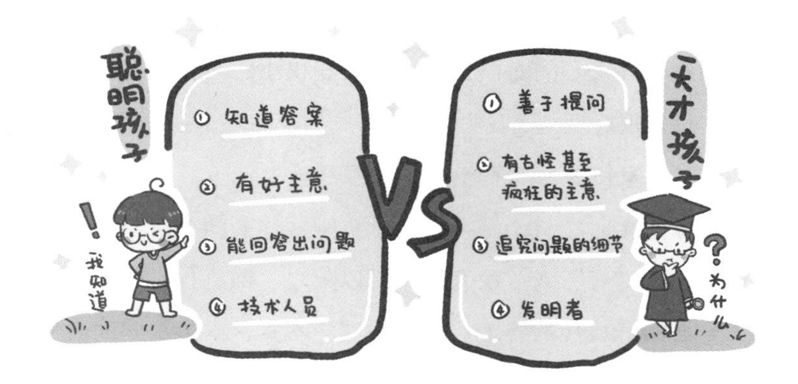

总体来说，聪明孩子可以在既定的大框架内寻找到最优答案，但天才孩子却可以打破规则框架。那么，如何让孩子在思考时勇于打破框架规则，拥有更强的思维能力呢？

第一，允许孩子做个好奇宝宝。

我曾亲眼目睹8个月大的嘟嘟将一小片纸吃进了肚子。当时，我有点纠结要不要阻止他，于是我试图进入他的内心世界进行思考：嘿，我长到8个月了，能拿到手的东西大多坚硬啃不动，凡是能啃得动的基本都能吃到肚子里。今天我突然碰到了一样新东西，可以从大的上面分离出来（从书上被撕下来的纸），放进嘴里嚼了嚼还变了形状（纸被口水打湿变成一团），吐出来放在手里玩了一会儿后，我决定还是将它吞到肚子里试一试。

我不忍心打断嘟嘟对世界的好奇心，所以眼睁睁地看着他把一小片纸吞进了肚子里。

当我有好奇心的时候，世界很大我很小；当我有好奇心的时候，世界很好玩，等我去发现。

第二，家长少为孩子做“是非题”。

就像前文回答孩子是否有变形金刚这样的问题时，家长不要简单地用“有”或“没有”一言以蔽之。回答孩子问题的时候，尽量用开放性的答案代替封闭性的答案，向他提问的时候亦是如此。

比如问孩子的见闻，如果我问嘟嘟：“嘟嘟，你在公园看到小狗了吗？”他也许就只会说“没看见”或者“看见了”而已；这就令他丧失了一次思考和表达的机会。

如果你这样说：“嘟嘟，你今天在公园看见了什么？……哦，还有呢？”引导孩子多说，他就会去思考和回忆，并再次组织语言来输出信息，也许孩子会说出令家长意想不到的答案。

亲子游戏1：Hey，Siri

当孩子有问题的时候，家长也可以鼓励他利用Siri或者手机的语音搜索功能去自己寻找答案。

比如：“妈妈，明天下雨吗？”

“问问Siri试试。”

让孩子试试自己使用语音搜索，天气预报就会用图片和数字给他答案了，而且孩子还可以进一步去问，后天呢？大后天呢？有了这样的经验之后，孩子有时候看到家长在忙，就可以自己直接去语音搜索了，这样也间接培养了他们搜集信息、寻找答案的能力。

 亲子游戏2：手绘思维导图

第一步：把主题画在白纸的中央。

在纸的正中间位置画出主题，比如画一张钞票，然后以此为开始，让孩子大脑的思维能够向任意方向发散。

第二步：向外扩张分枝。

家长鼓励孩子说出他能想到的有关于主题的所有元素，并从纸张的中心向外扩张。甚至可以按元素与主题的关系密切程度先画出一层分枝，然后再向外扩散出第二层、第三层，以此类推。这就像是一棵茁壮生长的大树，树杈从主干生出，向四面八方发散。

第三步：使用颜色、符号、文字、图画表达各分枝内容。

用不同颜色、图案、符号、数字等来表达不同的主题内容，丰富的色彩、生动的图像，更有利于发挥孩子的想象力和

创意。

示意图如下：

第3节
批判性思维：
亲子阅读是中产妈妈的毒药

嘟嘟的故事

作为一名创业公司的老板，我每天都很忙，但是我可以自豪地说，只要不出差，我每天晚上都会给嘟嘟讲故事哄他入睡，并且，几乎没有错过他成长中的任何重要时刻。

读书本身也是我的爱好，所以自然也给嘟嘟买了很多绘本，我们二人在亲子阅读中找到了很多乐趣。

有段时间，嘟嘟很喜欢读一本名叫《抱抱》的经典绘本。因为，每当读到“抱抱”的时候，坐在他身旁的我就反复地对他说“抱抱，抱抱”，并且向他伸出手，张开怀抱。

阅读对于嘟嘟而言已经是睡觉前必备的程序，也许有时候他会因为刷牙磨磨蹭蹭，需要我去洗手间催促，但他绝对不会忘记在上床前给自己挑选一本“睡前故事”，然后郑重其事地拿给我，说：“妈妈，今晚我选了这本故事书，你讲给我听，好吗？”

请求妈妈讲故事也算是嘟嘟小朋友讲究的睡前“仪式感”了。

对于亲子阅读这件事，一般来说，大家普遍接受的观点是：

绘本故事能帮助宝宝养成阅读习惯；

亲子阅读能不断增进亲子关系。

对于这些共识，我不置可否，但是，绘本要怎么读呢？这种阅读背后的意义又在哪里呢？亲子阅读真的有那么神奇吗？

水湄有话说：亲子阅读+坚持=万能丹药

之前曾经看到过一篇文章，里面提到“马拉松是中产阶级的宗教”，套用这句话的模式，我想说一句：“亲子阅读是中产妈妈的毒药。”

作为一个自幼喜欢看书，至今也能保持一年100本书左右阅读量的妈妈，我还是觉得，大家未免有些高估亲子阅读的效果了；或者说，对亲子阅读的理解太功利了。

最近我请一位专业人士给我推荐几本引导孩子读书的书籍，她首推了《朗读手册》，但我读完这本书后深感失望。

在看完《这才是心理学》一书，了解了一些相关知识后，我实在觉得《朗读手册》有点看不下去。这本书中随处可见的煽情式的结论中，暗藏着许多逻辑问题。

举例来说，卡索拉和珍妮弗的智障儿童家庭，可以通过亲子阅读帮助智障孩子完成正常的大学教育，这算是“因”；由此得出所有家庭都可以通过亲子阅读让孩子获得巨大的成功，这算是“果”。可是，这“因”和“果”之间根本不存在必然的逻辑联系。试问，一个跛脚的孩子坚持喝骨头汤治愈了跛脚，就能推导出正常孩子多喝骨头汤就能变成短跑冠军吗？

没错，卡索拉家庭使用了亲子阅读。但20年过去了，有什么证据可以证明，亲子阅读是唯一使这个孩子完成大学教育的原因呢？有没有可能是其他的原因呢？毕竟，她在几个月大的时候只是弱视、肌肉痉挛、精细运动发展缓慢，由此被医生诊断为“心智迟缓”未免有失偏颇。

现在，只要是在医院正常产检，孩子出生后又带着他去医院做过几次儿科保健的妈妈，哪一位没有被医生“吓唬过”几次呢？当然，医生也是本着负责的原则，提前告知家长各种“隐患”的可能性，希望引起家长充分的重视。不过，大部分孩子在生长发育了一段时间之后，一些先前疑似疾病的症状都会慢慢消失的。

况且，卡索拉在5岁时的测试，已经表明她当时的智力水平已经超出了一般的孩子。

个案仅仅是个案，没有统计学意义。也就是说，可能有孩子智力迟缓，家长也使用了亲子阅读，却于事无补的案例，只是作者没有用这样的故事做例子罢了。

这样一个简短的故事，逻辑就如此禁不起推敲，又怎么能让广大读者相信，这整本书的逻辑结论——亲子阅读非常重要，就一定是正确的呢？

我指出这本书中认为不合理的一些地方，并不是表明我本人不承认亲子阅读的重要性，只是觉得这本书简单地用结论式的语句让读者接受这一观点，却没有给出相应的调研数据和完整的逻辑，未免有些站不住脚。

论语中有句话："学而不思则罔，思而不学则殆。"仅仅看书而不去思考，那看了也是白看。

阅读，并不是万能丹药。

毕竟，比起阅读本身来说，独立思考才是更厉害的本领。

比起单纯地大声朗读，告诉孩子哪些是烂书，哪些是好书，烂书烂在哪里，好书又好在哪里，或许才是更高明的教育。

情景延伸：我认为的亲子阅读“正确姿势”

我在上初中的时候遇见过一位实习老师，可能是因为太年轻，再加上经验不足，所以总拿调皮的我们没有办法。

我当时的同桌成绩不好还很顽皮，上课时因为随便说话被这位实习老师叫起来罚站。这本来也没什么，但是老师随后说了一句：“你上课讲话声音那么大，连你爸爸都能听到了。”

全班的同学，包括那位实习老师都清楚地知道，我的同桌是个标准的“留守儿童”。他的母亲一直在外打工，父亲因为身体不好，长期卧病在床，不久前刚刚因病去世。

实习老师这句话一出口，同桌的眼圈瞬间就红了，但他没敢出言反驳老师。

那个时候的我，一方面因为私下里看了一些武侠小说，自认为有些侠者风范；另一方面又觉得老师确实说得不对。我觉得，无论是谁，有错都要认错。

于是，我啪地一拍桌子站了起来，大声说道：“老师，您这话说得不太好，徐××同学的爸爸去世了，您这么说会让他很伤心，您应该向他赔礼道歉。”

可能在那个年代、那个环境，敢公开挑战老师权威的人实在不多。实习老师的自尊心似乎受到了伤害，我的话令他当场下不来台，于是，这位老师课后就打电话请来了我的家长，想要当面向我母亲痛诉我目无尊长的罪状。

结果，母亲在听老师讲完事件的来龙去脉后，只是冷静地对他说："我觉得我女儿讲得没有错，老师您在那种场合下公然谈论一个孩子刚刚去世的父亲，是不太合适。"

那个瞬间，我根本无暇顾及实习老师的脸色，只觉得自己的母亲格外高大。

我曾看到这样一句话："如果你送孩子去学校读书，却没有让他学会批判性思维，那还不如让他成为一个半文盲。因为半文盲还知道在实践中观察和检验各种理论，而没有批判性思维能力的'读书人'基本上都会成为理论的奴隶！"

批判性思维（critical thinking），就是对任何一个观点都进行证伪求真的思维方式。这是西方教育的一个核心，也是在西方社会，评价一个人是不是受过较好的教育训练的重要指标之一。

因为，人类在逐渐成长并认知事物的过程中，总是会根据自身经验来解读新的事物。

缺乏批判性思维习惯的人经常会犯一个错误，那就是将"对事实的解读"当作事实本身，表现出来的特点就是盲从和迷信。

比如，网上的一些心灵鸡汤或是心理励志类的文章，总会先列举一些成功人士在年轻时遇到的挫折，然后，缺乏批判思维的人就会直接得出——“只有历经这些磨难，人生才能成功”，或者“正是这些磨难，才让他如此成功”的结论。这就是一种狭隘的思维表现，但可笑的是，这类文章通常还很容易被广泛转发。

缺乏批判性思维习惯的人另一个常犯的错误就是“把理论当事实”。传销能得以传播，就是因为很多人缺乏批判性思考的能力。传销的实质就是一个成套的“理论体系”。而人在本身不具备良好逻辑思维体系的情况下，很容易被“洗脑”。而被“洗脑”之后，这些人从自己的三观，到认知自身和他人的关系，都会不自觉地套用传销组织灌输给他的“解读”方式。

在学习英语方面，参加过雅思、托福或者其他英语考试的人，应该都会有这样一个感受：做英语听力和阅读的时候，你直接听到和看到的信息，往往不是正确的选项。因为，这些考试都是在测试你对“弦外之音”的把控，也就是理解和分析推理的能力。

如果回归到亲子阅读的层面来谈孩子批判性思维的培养，那我大致可以把亲子阅读分为三个阶段，第一个阶段是大家都比较熟悉的，所以简单一点讲；后两个阶段是我自己正在思索的，可以供各位思考，而且最后一个阶段，已经完全是成人的学习方法论，是国外大学采用的一套学习方法，所以不仅仅只适用于对孩子的教育，也完全适用于自我学习。

1. 初级阶段：妈妈读

面对不识字的宝宝，妈妈不但要读出文字，而且要读出感情，最好用肢体动作来配合文中内容，从而让宝宝明白这本书在讲些什么。

配合动作和富有感情的语言的阅读，能够增加孩子对文字和情景的理解。

2. 进阶阶段：角色扮演

当孩子对绘本的故事和情节基本熟悉和理解后，或者是年龄略大一些，认知能力有所提高的时候，就可以玩角色扮演的游戏了。其实，能够做到假想自己是绘本中的角色，这本身就是一种比较高级的能力。

举例来说，孩子在两岁左右的时候，可以在水杯没有水的情况下假装喝水，但这需要借助水杯这样的道具。如果家长拿走水杯，让孩子模拟喝水，或者假装水杯是个帽子，给他戴在头上，他往往就不能理解。但长大一些，他就可以不借助实际的道具，模拟各种情景。

这个时候，其实就是他认知能力的提升阶段。在这种阶段，尝试引入角色扮演，就能较好地发展孩子的想象力和创造力。

比如同样是在《大卫不可以》这本书里，我就扮演不听话的大卫这个角色，我不肯吃饭，把玩具乱扔，把花瓶打碎，反正坏事都是我干。这样，嘟嘟就可以理直气壮地说："妈妈不可以！"他很热衷扮演这个角色，大约是因为感觉控制妈妈是件很神奇的事情。

在这样的角色扮演中，我一般会选择扮演调皮捣蛋、不守规则的角色，让嘟嘟暂时拥有管制妈妈的权利，而不是简单地读完绘本直接告诉孩子："你看，大卫这样很不好吧？你以后别这样乱扔玩具啦。"通过角色扮演这样的方式，可以令孩子在之后的相似现实情景中，更能理解为什么妈妈会做出"不可以"的决定。

3. 高级阶段：批判性思维

鉴于嘟嘟的年龄，他暂时不可能做到这一步。我觉得，如今很多成年人也并没有学会这种阅读方法。我自己也是在最近的这一两年中，才学习到了这种方法和能力。

我在一本书中看到了哥伦比亚大学口述历史专业的一堂课。

教授要求每个人在经典童话《灰姑娘》中认领一个角色，并且要为自己的角色说话，因此课堂上有了主角"灰姑娘"，有了“继母”，有了继母带来的“大姐”和“二姐”等角色。

一开始，灰姑娘首先阐述了亲生母亲去世、自己被继母虐待的各种悲惨遭遇，这个是我们大家都熟悉的部分。

随后，“继母”站出来讲话了：“啊，嫁给了你那个懦弱的父亲，家里生计都需要我操心。有些继母根本不会让丈夫和前妻的孩子跟自己一起住呢，而我不但让你住，还供你吃穿。我已经是本社区最佳继母得主了！”

“大姐”之后也开始说话：“我们本来家境优越，但是现在突然有一个人要当我父亲，还有一个衣着寒酸、毫无教养的人要当我妹妹，你让我怎么应付学校同学的嘲笑呢？”

童话中的角色开始各执一词，为自己竭力辩解，每个人说得似乎都还挺有道理。一个经典的童话故事让阅读者有了更多思考的角度。

如果孩子比较大了，是不是就可以通过这种方式进行阅读引导？可以进行复杂如哥伦比亚大学的这种思维训练课程，也可以只是家长简单地引导孩子从多个角度去理解绘本的不同角色立场。

如果你是妈妈，会怎么对待乱扔玩具的大卫呢？除了大吼一声“不可以”，还有没有什么别的办法呢？

这种阅读方式，就已经进入“思辨”的境界了，而这种思维方式则可以令孩子受益一生。

 亲子游戏：今天我来讲故事

让孩子选一本自己比较喜欢的故事来进行复述，这能帮助他们总结故事的主要观点。

讲完故事后，问一些故事中并没有直接出现答案的问题，这可以让孩子们根据自己对于故事的理解，通过分析和推理得出自己的结论。比如，“嘟嘟，你觉得这个小兔子表现的怎么样？”或者“如果你是这个小兔子，你会怎么做呢，有没有其他的办法？”

第4节
拥抱变化：嘟嘟在搬入新家的第一天哭了

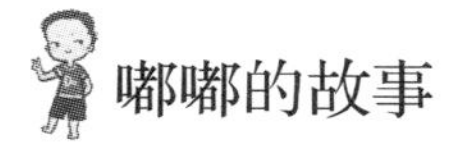

嘟嘟的故事

我和小熊创立的公司这两年发展得很快，因此公司几乎保持着每年换一次工作地点的频率。相应的，我们夫妻也更倾向于在公司附近租房住，这样就能在上下班时节省出很多时间做更重要的事情。我和小熊同学一直没有买房，这是基于我们对投资中“资产”和“负债”的理解，当然，这是理财投资的话题了，此处暂时按下不表。

这样下来，搬家对于我们来说，虽然不能说是家常便饭，但也可以算是“一年一度”了。

今年，搬入新家后的第一晚，嘟嘟在临睡前哭了。

我十分明白，搬家对孩子来说是一件大事，意味着生活环境即将发生巨大的变化，因此提前做了很多准备工作，甚至特意带他去看过两次新家，还问他喜不喜欢新家，他表示还可以接受。

然后，我又征询他的意见，搬家的时候是想和我们一起过去呢，还是搬好了再回来接他比较好。另外，我还答应给他的房间买个帐篷，让他可以开心地躺在里面玩。

一切似乎都按部就班地进行着。

可是在新家的第一晚，嘟嘟却在临睡前突然放声大哭，说想要回“以前的家”。他拉开阳台的窗帘，看着外面的灯火万家，说想“找找远方以前的家”。

嘟嘟独自坐在飘窗上哭了一会儿，然后爬回床上问我：“妈妈，是不是有爸爸妈妈的地方，就是家？”

这是我之前给他做的心理建设，我曾对他说：“嘟嘟，我们就要搬新家了，搬新家后就将离开熟悉的环境，离开之后你可能会想念在这里发生的一切。但是没关系，有爸爸妈妈在的地方，就是家。”

年幼的嘟嘟跟着我们一次次地搬家，真是苦了他。想到这里，我看着嘟嘟红肿的眼睛不禁有些心疼。

“对啊，有爸爸妈妈在的地方就是家。”我抚摸了一下嘟嘟的头，然后给他讲了我小时候的一段经历，“小学三年级的时候，我的爸爸，也就是你的外公去了美国。我的妈妈，也就是你的外婆，把我放在上海念书。我搬进了一所新的房子，身处完全陌生的环境，还没有自己的爸爸妈妈在身边。嘟嘟，你现在虽然搬了家，离开了熟悉的生活环境，可是你还是跟爸爸妈妈在一起啊。”

听完我的故事，嘟嘟想了一会儿，又哭了很长一段时间，才终于去睡了。

水湄有话说：鼓励孩子拥抱新变化

记得在2017年的时候，我看到过这样的一条新闻。

9月6日，厦门三中的一名初一新生小平失踪了两天一夜，家长快要急疯了，报警之后，警方也全力开展了调查。网络上几度疯传孩子被人拐卖，引起了全城的高度关注。所幸，孩子在失踪了34个小时后被确认平安无事，但他失踪的理由却是这样的：小平刚从小学升上初中，还不适应新的学习环境，刚开学没几天就产生了厌学情绪，于是他就在某一天上学的路上心血来潮地回到了曾经就读的小学，因为他有很多老同学正在那里的初中部就读。

小平白天在学校里和老同学一起玩，晚上就在小学附近闲逛，不敢睡觉也不敢回家，然后第二天继续游荡。不敢回家的原因只是因为白天逃学了，害怕家长会骂。

有科学数据表明，在10岁以前搬过家的孩子，智力发育会比较好。

我想这大约是因为，搬家意味着孩子要面对新的环境、新的习惯，甚至新的伙伴。而这对每一个人来说，都不是一件容易的事儿。

但从某些方面来说，正是因为有了生活中的这些困难和挫折，才塑造了我们坚韧的品格。

前阵子，我有位同学得到了一份非常不错的工作，不过上班的地点在另外一个城市。我当时建议她带上孩子一起去。诚然，换一个学校、换一批同学对孩子来说是一件非常艰难的事。但是，这也许会给他的人生，带来更多的经验和力量。

那位妈妈也同意我的观点，她说她小时候也有过换城市和转学的经历，成人之后回望，那是她非常宝贵的人生财富。

想起我自己的求学生涯，小学三年级时因为父亲去美国，被寄放在上海的亲戚家读书。到了六年级时，因为父亲回国，又跟随父母一起回到四川。在四川念完初中后，又按照当时的政策将户口迁回上海，并独自到上海寄宿高中求学。

前后9年的时间，经历了同学的变化，也经历了从全校最好的学生到最差的学生的心理落差。

回头来看，始终感谢那段经历。是那段经历，教会我拥抱变化、学会变通，同时又坚持内心的信念。

面对这个变化的世界，谁又没有一点点伤心呢？

成熟的我们似乎再也找不回那种儿童般的心态了，我们似乎再也不能放任自己像嘟嘟那样不加掩饰地伤心流泪，同样也不能放任自己尽情地享受一颗石子、一片树叶带来的那种快乐。我们所能做的，就是鼓励自己和孩子一起勇敢向前，拥抱每日都在变化的、崭新的世界。

那么家长又该如何做呢？我觉得我们可以从以下两个方面着手：

第一，心理建设。

赫拉克利特说：“宇宙中唯一不变的是变化。”

还记得我们中学就学过的物理定律吗？没有绝对的静止，只有相对的静止，所有的物体都是在运动着的。

所以，家长应该让孩子知道，改变时常在发生，然后在能预见的变化之前真诚地和孩子进行沟通。

从日常生活中举例，比如带孩子去医院看病时，大多数小朋友都会表现出极大的抗拒，但他们并不是真的有多痛苦，而是因为自己突然被带到了一个陌生的环境，还被一群身着白衣服的阿姨弄来弄去吓着了。所以，家长可以试着和孩子形容一下看病的过程，以及可能要承受的疼痛，相信孩子会对看病这件事坦然很多。

比如："嘟嘟，今天你发烧了，我们需要到医院去检查一下，那里有医生叔叔和阿姨，他们穿着白色的外套，会给你量量体温，看看舌头。"

第二，亲子旅行。

嘟嘟虽然只有4岁，但出门旅行的次数已经不少了。而每次旅行回来，无论是语言能力，还是处理一些生活琐事的能力，他都会有很大的提高。

带孩子出行确实不是一件轻松的事，更有不少人反驳说，这么小的孩子什么都不记得，带着一起出去也是浪费钱。

那我这么坚持地带着嘟嘟出去又是为了什么呢？

旅行中的风景、旅行中遇见的人和新结识的朋友，都会让他了解世界的多元性，他也会在这个过程中不断地适应新的环境，去解锁新的技能。

比如嘟嘟第一次看到海，就会感叹："哇，这里的沙滩和游乐场的不一样！"

他在旅行时了解了时差的概念，学到了地球自转和围绕太阳公转的知识。

他在户外看到了海豹、松鼠和海鸥；搭乘了直升机，体验了铛铛车（有轨电车）。

他学会了简单的thanks，也会鼓起勇气同金发碧眼的外国人打招呼。

在拉斯维加斯的旅行中，我们一家人都去了。因为去的人多，所以选择了一家比较知名的酒店，酒店占地面积很大，内部结构也很复杂。一天晚上，我们选了与前一天不同的道路走回去，跨进大门后，我疑惑地跟自己的父亲说："这不会是另外一家酒店吧？毕竟，这里的酒店那么多。"正在这时，却听到嘟嘟清晰而干脆的声音传来，他说："这就是我们住的酒店，你们看，地毯的花纹是一样的。"

那个时候，我真是十分震惊。嘟嘟除了能进行细心观察之外，思维也已经上升到了严谨的逻辑层面了。这大概是在家里很难得到的技能点吧。

家长带着孩子出去旅行，一起去面对新环境带来的挑战，去努力摆平旅途中遇到的一切困难，这样每一段旅途都会让家长和孩子获得难能可贵的体验。所以，带上孩子出去走一走吧。

 亲子游戏：今天我指路

1. 小宝版：回家

选择宝宝熟悉的地点，比如平时经常带他去的便利店或者小公园，让孩子从那里出发，一路指引着家长回到家中。当

然，确定家的方向、移动、进入楼道、乘坐电梯、找寻自家的门这一系列的步骤，需要家长平时多向孩子进行引导、铺垫。比如，家长要经常告诉他，我们家在小公园的左边、坐电梯应该到几楼、家里门牌号是多少、大门上又有哪些标志等，久而久之，孩子就会熟悉回家的路线了。

2. 大宝版：寻宝

如果孩子已经能轻车熟路地从上述几个地方找回家，家长就可以试着增加难度，比如给他一张简单的藏宝图，提前在小公园或者小区院子里藏好一些“宝藏”，让他带着你去寻宝。

第 5 节
沉浸式学习：人生中最重要的事儿

嘟嘟的故事

有一年国庆放假期间带着嘟嘟去我的朋友家玩，朋友的大宝刚上小学二年级，是学校足球队的主力。休假的时候家长要每天开车半小时送他去上足球课，到了中午吃饭的时候，会发现他已经记录了18 000（约步行12公里）多步的运动量。午饭过后，他会去看自己喜欢的球队的比赛录像。到了下午三点，他的妹妹午睡起床后，他会拖着自己的老爸去小区里的球场陪他练习传球。

朋友感慨，这孩子除了正常上课，每天脑子里就只有足球：电视看足球，课外书看球星自传，游戏打的是FIFA和实况足球经理人，每天只肯穿着球衣出门。

我却对他说，这是好事啊。

我另一个朋友的儿子与这个孩子类似，不过他迷恋的是汽车。她的儿子才5岁，平时只看跟车有关的书籍，只玩与车相关的玩具，对所有的汽车品牌如数家珍，甚至还背得出各种技术参数。对他来说，动物园和博物馆远没有4S店有趣。

儿子的这种情况让我这位朋友非常焦虑，她为了这个问题还专门请教了某教育专家。专家说："孩子这样会影响他对其他事物的兴趣，所以还是应适当引导他对其他内容的爱好。"

一个孩子能从求知中获得乐趣，是多么值得骄傲的事，更不用谈他因为这种深度的沉浸带来的专注力，以及深入研究某项技能获得的能力等。

如果我是那位喜欢汽车的孩子的妈妈，我会去买所有跟汽车有关的童书、很多可以拆卸的汽车模型，甚至会向汽车修理厂求助，让他钻到汽车底下去看。总之，就是用尽一切合理的手段，让他尽情地在他自己喜欢的领域里钻研和探索。

我最近在看一本名叫《为未知而教，为未来而学》的书，除了个别地方翻译得不太好之外，书里的内容和观点我大部分非常认同。这本书主要是讲现在的教育是如何应对未来多变的世界的，比如，我们现在教育体制里的知识是否就一定应该学习？举例来讲，像二元二次方程式这种知识，学生一般在初中就已经掌握了，但学习它的意义是不是真的比要到大学里只有某些学科才学的统计学更大？

水湄有话说：孩子“不务正业”，怎么办？

有个同事的儿子上小学五年级，特别喜欢植物。同事说自己已经带他逛了很多植物园，还能再做些什么呢？

我告诉她，你能做的还有很多啊，比如买一整套植物图谱，在他阅读过后，让他辨别小区花坛中的植物是什么纲、什么目、什么科、什么属。可以让他自己做视觉日记，孩子会画画的话，可以让他把植物画下来；不会画画就把植物的照片打印出来，贴在本子上做一些记录。也可以在网上找一个植物学信息交流小组，然后让孩子与小组的成员进行交流。还可以让孩子自己建一个博客用于记录植物观察心得，这种方法十分有利于推进学习。

对孩子来说，兴趣就是最好的老师，只要孩子对某件事物有狂热的兴趣，家长略微对其进行引导，孩子就能不断得到提高。也许，这个孩子长大后并不会成为植物学家，但是这种对某个爱好深入钻研的经历，会影响他未来的人生。

这节课所列举的几个例子中关于足球、汽车和植物的知识本身并不是非常重要，重要的是孩子从中得到的自学能力：对一个课题的沉浸式学习，对一门专业的深入研究，以及通过这种学习衍生出的各种能力，比如学习英语的能力、搜索的能力、结识同好的交流能力、建立学科系统架构的能力和因为具有某些专长或专业知识而产生的自豪感和成就感，等等。

情景延伸：人生最重要的事儿

上述通过学习而衍生出的各种能力恐怕才是一个孩子生命中最重要的那些事儿。而我个人认为，对孩子而言，良好的身体、坚韧不拔的毅力以及开阔的眼界也是非常重要的。

1. 身体好

有一个儿童专家曾经向我普及，科学证明，运动对幼儿智力发展有着极大的作用。我虽然不能完全看懂那些冗长的研究报告，但我知道，在成人的世界里，在我们的职业生涯中，“身体好”这简单的三个字有多么重要。

最后期限迫近，同事们一起加班，身体不好的，在连续加班数日后会直接倒下。

想要学习新技能，需要大量的业余时间，可是身体不好的，很难有充足的精力。

寒冬时节，大家一起遭遇流感，身体不好的迟迟不能恢复，好的工作机会都被身体好的抢掉了。

有哪一个公司的CEO是整天病恹恹的？没有好身体，又如何能日理万机呢？

2. 毅力

我看过一个演讲视频，主题叫作《智商是成功的关键？错了，毅力才是》。演讲者在视频里说道：“大量数据表明，先天聪不聪明，远没有你是否有毅力来得重要。”

还记得那句流传很广的话吗？“大多数人努力程度之低，根本轮不到拼天赋”，说的就是同样的道理。

举例来说。

A同学和B同学一起学习弹钢琴。A同学天资聪颖，进步神速，冲到5级的时候没有感觉到丝毫的难度，可是遇到一首很难的协奏曲后，就很久都没办法再取得进步。怎么办呢？A同学非常想得开，可能是钢琴不适合自己吧，要不我改学小提琴？而B同学冲到5级足足比A同学多耗费了一倍的时间，当他遇到那首较难的协奏曲后想的却是，怎么办啊？练！他苦练了两个月，但依然没什么太大进步，怎么解决？接着练！

3. 眼界

视野开阔是很重要的事。

中国互联网的第一批创业者大部分是海归派，那是因为互联网当时还没有在中国的这片土壤上生根发芽。虽然一开始我们有很多硬件、软件、系统还是在模仿国外的产品，但如果当年马化腾在国外从不使用ICQ这个软件，那又哪里来的现在的

QQ呢？

我们通常认为“眼高手低”是贬义词，但我一位开画廊的朋友告诉我，其实人的行动力天生就比眼界低，情况好点的最多也只能持平。

所以，眼界越高，行动力才越有提升的可能性。

一个画廊经营者，如果没有看过足够多的作品来开阔眼界，那么就很容易被蒙蔽。眼界有多种表现形式，这种专业深度的眼界是一种，类似跨界思维的眼界是另外一种。举例来说，伯克希尔·哈撒韦公司（Berkshire Hathaway Incorporation，世界著名的保险和多元化投资集团，总部位于美国）的副董事长，伟大的查理·芒格（Charlie Munger）提出，要进行多元化思维。简单地说，他所处的投资行业要动用的不仅仅是经济学的思维模式，还有心理学、数学等多个领域的思维模式。

其实，很多人在大学学习自己专业的那一刻起，眼界便已经被束缚住了。为什么呢？因为大家在努力学习专业知识的同时，也不断地用本专业的知识来限制自己的眼界。

《创业维艰》的作者本·霍洛维茨（Ben Horowitz），说他在幼时就已经感受到了不同群体的这种思维隔阂。上学时，他认为自己的数学成绩不错，同时，他还是一名橄榄球队队员。他说：“视角的不同会令世界上所有重大事件的意义彻底发生改变。例如，当Run-D.M.C乐队的单曲《Hard Times》发行时，其强劲的低音鼓节奏在我所在的橄榄球队中引发了巨大的反响，但在微积分课上，却连一丝涟漪都没有泛起。对于罗纳德·里根基础技术尚不完善的战略防御计划，学校里的小科学家们极度愤慨，但对此，橄榄球队里却无人理睬。”

这种思维给本·霍洛维茨带来很多好处，尤其是在他担任了企业的CEO之后，每当一件事似乎到了山穷水尽之时，他就试着从截然不同的角度去理解，从而拓展自己的思维以寻求解决之道。

眼界是高度，体力是长度，毅力是深度，三维一体，决定人生的境界。

亲子游戏：大富翁

玩游戏其实是培养孩子学习各种不同的事物的好机会，请家长一起和孩子玩一次《大富翁》吧！

让孩子感受一下孙小美、钱夫人、阿土伯这些不同游戏人物的各种魅力；体验“占地为王，建房盖楼”的感觉；了解交易、租金、纳税、垄断、破产的概念。在游戏中学习，在娱乐中与家长互动。

家长可以问一下：孩子最喜欢的大富翁人物是谁，为什么呢？

第6节
快乐与乐观：你想要哪个

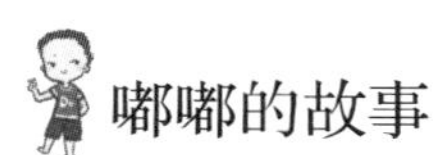

嘟嘟的故事

现在社会上比较流行一股“快乐风”的育儿观念，妈妈们聚在“快乐教育”的旗帜下，一起举手宣誓，我要自己的孩子快乐地成长！

于是，就有了以下这些现象。

孩子因为撞到桌角疼了，哭了，妈妈马上“鞭打”桌子，说：“都是桌子不好，坏桌子！宝宝不哭啦。”

孩子再大一点，在幼儿园里输了足球比赛，爸爸立即说：“胜败乃兵家常事，别沮丧，爸爸给你吃巧克力。”

我甚至听过一些更极端的例子，有个帮忙带孩子的婆婆，在外出时指着某个广告牌教孩子学了两个字，孩子的妈妈知道后却大发脾气，还“理直气壮”地说：“我就是不想让他过早地学认字，我要让他快乐成长！”

转移注意力，不让孩子感受沮丧和压力，让孩子尽量保持“开心和快乐”，似乎就是很多家长认为的“快乐教育”。

但是，你可曾在现实中真的见过一个一直快乐的人？又有谁从来没有过沮丧和悲伤的情绪呢？

在一个孩子的成长过程中，不可能只有快乐和幸福这两种情绪。家长的这些“保护”举动，无非是想帮孩子建立一道屏障，帮他遮风挡雨，但是当孩子逐渐成长起来后，家长的屏障也能随之膨胀，一直为孩子提供庇护吗？

当撞到桌角的孩子在学校里不小心撞到了教室中的墙壁，家长该怎么办，拆了学校？

当输了足球比赛的孩子在求职面试中屡次输给别人，家长该怎么办？再给他一块巧克力？

当那位快乐成长、没有早早认字的孩子进入小学后，被周围早就识字的同学嘲笑，家长又该怎么办，让孩子自己屏蔽其他同学？

那乐观的孩子究竟是怎样培养的呢？接下来我以嘟嘟为例进行说明。

比如，嘟嘟因为撞到了桌角而大哭时，我会说：“是不是很痛啊，妈妈抱一抱，下次走路时要注意观察周围哦！”

嘟嘟参与的足球比赛输了，小熊爸爸会说：“输了比赛是不是很不开心啊？跟爸爸聊聊吧。”等到他的情绪平复后，爸爸还会跟他谈论战术的改进方法。

嘟嘟学画画学得比较慢，进入大班后更是觉得和班里的一些同学差距明显，这时我会告诉他：“虽然你暂时比不过有些同学，不过如果你肯付出努力，肯定也可以画得不错！”

水湄有话说：快乐VS乐观，你选哪个？

朋友的女儿小林和妈妈上街的时候把鞋子弄湿了，于是跟妈妈抱怨，早知道会这样就不出来玩了。

她的妈妈无奈地问我：“为什么这个孩子这么‘别扭’呢？和朋友们一起扔球也是这样，如果一直扔不中就会很生气地坐在球场上。我过去开导她，她居然对我恶语相向。”

生活中，我们可能都遇到过这样的孩子，他们一遇到事情就发脾气，或者一直在抱怨，却不会自己去主动寻找解决的方法，而是依赖家长去帮他们解决，更有甚者，如果家长不能满足他们，就对家长横加指责。

其实，快乐和乐观的区别很简单：快乐是相对短暂的一种情绪，是个人的一种内心感受，这种感受是屏蔽了现实社会的；而乐观是一种心态，乐观的人不一定一直快乐，但至少会通过自己的努力在现实社会中追求快乐。

快乐其实是一种结果，它可以通过简单的方法（父母帮助处理困难）获得，也可以通过困难的方法（自己的努力）获得。而乐观是一种品质，秉承这种品质，则会获得更多的快乐。

情景延伸：如何培养乐观的孩子?

一个孩子的成长，不可能永远不遭遇困难和挫折。在学校被老师批评，跟同学发生矛盾，在竞争中落败等，是每个孩子在成长过程中都可能遇到的事情。

家长不可能永远帮助他们去解决问题，唯一的办法就是培养他们乐观的情绪。乐观的孩子面临沮丧和压力时会妥善地处理自己的情绪，他们明白沮丧和压力只是暂时的，通过自己的努力可以战胜这些困难并获得更多的快乐。

为了培养一个乐观向上的孩子，我们应该注意以下两个方面：

首先，家长应该从自身做起，积极地面对生活，给孩子营造一个和睦的家庭环境。在生活中，如果家长能够以乐观积极的态度面对生活，孩子自然会受到这种情绪的感染。

家长不可能每时每刻都陪伴在自己的孩子身边，所以最重要的事情便是教会孩子如何去处理他的不良情绪。孩子遇到挫折和困难时，可以让他通过听音乐、运动、画画等方式释放压力，然后冷静地思索解决问题的方法。

其次，培养孩子广泛的兴趣，增强孩子的自信心。

人无完人，即使孩子在某些方面做得不够好，家长也不要过于着急，更不要严厉批评孩子，从而使孩子丧失自信。家长可以试着鼓励孩子，让他看到自己的长处，并引导他在自己不擅长的领域多多努力。

孩子如果有一两项比较擅长的技能会增强他的自信心，因此家长要注意培养孩子的兴趣，使他看到自己的闪光点，从而增强他的自信心。

此外，家长要积极与孩子进行情感交流，了解孩子的情绪，对孩子的负面情绪进行引导。

亲子游戏：如何在不开心的事情中找乐子？

家长可以跟孩子讲一下，如何从一些看起来不太令人开心的事情中寻找乐子。例如，下雨天，虽然我们不能去外面打篮球了，但是我们可以一起在室内看电影呀！

第7节
情绪控制与数学逻辑：三个孩子一台戏

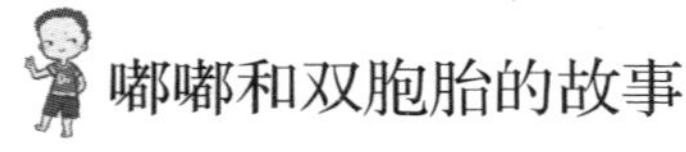

嘟嘟和双胞胎的故事

家有三宝，真的每天都有讲不完的故事。何况三个小家伙一个4岁多，两个不到2岁，正是变化最大的时候。有时候出差两三天回家，我便会意外地发现他们学会了新技能。最近，我发现自家的小朋友们学会了“套路”。

雪糕妹妹最近发明了新的卖萌方式，就是捧着自己肉嘟嘟的脸，一边左摇右晃地展示自己的苹果肌，一边叫“奶奶，奶奶”，这表示她要喝奶了。这招捧脸杀俘虏了家中的阿姨、爸爸和妈妈，甚至逐步攻陷了公司的哥哥姐姐们。

棒冰姐姐则学会了嘟嘴亲，只要妈妈召唤“亲一个”，她就会把红红的小嘴嘟起来，很响亮地“啵”我一下。

而嘟嘟则化身成为“真·套路王”，说话步步是陷阱，让人一不小心就入坑：

“妈妈，妈妈，六一儿童节是不是快到了呀？”

“还有一个月呢。”

“哦，六一儿童节，阿爷（爷爷）答应给我买一个大玩具。”

我疑惑地看了他一眼，然后故意不接话。

“不过妈妈你不用给我买玩具，阿爷买了，就等于你买了，我也会很感谢你的。”

咦，想不到嘟嘟已经这么懂事了，我在感动之余对他说：“这样的话，六一儿童节妈妈也给你买个礼物吧。”

“嗯，好的！阿爷买的是爆裂飞车，那妈妈你就买汪汪队吧。”

原来之前的铺垫都是套路……

细想起来，这种与孩子们“斗智斗勇”的过程也算是其乐无穷，不过养育孩子绝不可能只有甜蜜与快乐，也会掺杂着痛苦与挣扎。

比如，双胞胎姐妹每天都要抢十几次玩具，以前姐姐的力气大一些，一把抢过玩具后，妹妹就只会哭。最近妹妹终于学会了靠拉头发来“奋起反抗”，姐姐则是终于“掌握”了“哭”这项技能。妹妹拉姐姐头发，姐姐打妹妹头，然后双双哇哇大哭。

而嘟嘟呢，曾经一度十分遵守规则，说好的一天看一集动画片，看完了就会自己乖乖地把电视关上。可是最近，他不仅会趁我不注意偷偷地继续看下去，而且会在我关掉电视后大发脾气。

水湄有话说：情绪控制有多重要？

我不知道别的家长的育儿方法具体都是怎样的，但我自己一直将情绪控制当作最重要的一种能力在培养。

我确信，可以控制自己情绪的孩子，会对生活有更强的掌控感，也会有更高的幸福感。专家曾说："如果你想让孩子未来的数学成绩出类拔萃，那么最好的办法就是在他还小的时候就教会他如何控制情绪冲动。"

很多家长都觉得孩子的智力发育比较重要，让孩子学好英语和数学才是正经事。也许这样的家长也会看一些"如何让孩子控制情绪"的文章，但目的只是想让自己的孩子"不那么麻烦"。

你可以想象一个情景：

你的孩子某一次数学考得不好，他会被多种负面情绪纠缠，比如"我自己怎么这么差"的沮丧情绪，比如"爸爸妈妈会不会骂我"的恐慌情绪，比如"同学会鄙视我吧"的自卑情绪……如果孩子不能很好地处理这些情绪，在之后的一段时间内，他都无法恢复到理性状态，吃不下睡不着，甚至可能会拖累英语、语文等其他学科的成绩。

情景延伸：情商是什么?

真正的情商，是很强的共情能力，是设身处地为他人着想，是让自己的大脑迅速恢复到理智的状态。

比如，家长觉得孩子不应该看那么长时间的电视，便动手关掉电视并呵斥孩子去睡觉。可是，孩子最喜欢的动画人物这时刚好出场，突然电视被关掉了，他只会觉得愤怒，第一反应就是想发火。

双胞胎也是如此，妹妹觉得明明是自己先拿到的玩具，为什么要给姐姐；姐姐想妹妹已经玩了这么久，怎么也该让我玩一下。她们无法用语言清楚地表达自己的需求，姐姐便动手去抢，妹妹自然不甘“被欺负”，于是双方便“厮打”起来。

当嘟嘟和双胞胎陷入情绪问题的时候，我的应对方法又是什么呢?

1. 保持自己的情绪稳定

每位家长结束一天的工作后都会十分疲累，特别想躺下来休息一下，可是精力旺盛的孩子总是缠着我们哭闹，这时很多家长都很难控制自己的情绪。

有那么几次，我回家后看到嘟嘟和双胞胎哭闹、打滚、扔东西，于是忍不住发了火。但大多数时候，我会一次次告诉自己：对面是自己的孩子，不是敌人，控制住自己的情绪。我明白，家长是孩子的第一任老师，家长如何应对情绪问题，会对孩子造成深远的影响。

2. 共情，体会孩子的情绪

我还记得一件小事，我曾经开车带年幼的嘟嘟（他那时一周岁左右，还不会说话）出门玩，并让他看路边的挖掘机。奇怪的是，平时很喜欢挖掘机的他，那天却各种发脾气。

我当时差点就发火了！偶然凑近他的位置时我才发现，作为一个矮小的、被绑在安全座椅上的孩子，嘟嘟根本看不到挖掘机，他的视线只能看到灰白的天空。

想象一下，一个明明十分热爱挖掘机的孩子，一直听到妈妈不停地说挖掘机，可是自己却什么都看不到的愤怒心情吧！

家长的共情就是要让孩子觉得你可以理解他的情绪。

当和嘟嘟约定的睡觉时间到了，我会先抱抱嘟嘟，然后说："妈妈知道你想再看会儿电视，你刚刚看到特别精彩的地方对吗？"

等他的情绪平复之后，我会接着引导他："可是你答应过妈妈一天只看一集的，不遵守诺言的话，以后妈妈答应你的事是否也可以不算数？”

3. 帮助孩子给情绪贴标签

很多人都可以做到前面两点，但大家对于最后一点可能会存在疑惑，什么叫给情绪贴标签呢？

其实，给情绪贴标签就是告诉孩子，他目前所面临的情绪是什么？

将“愤怒”“沮丧”“嫉妒”“贪婪”等负面情绪一一告知孩子，甚至连正面情绪也应该对孩子说明，比如“开心”“喜爱”和“满足”。

首先，贴标签可以引导孩子了解他的行为是有道理的。当孩子知道情绪到底是什么的时候，他的大脑实际上已经进入了理性思考的阶段，而理性思考本身就可以缓解情绪。

其次，贴标签可以帮助孩子把不同场景下的同一情绪联系起来，从而找到解决情绪问题的方法。比如，这次是关上电视让嘟嘟愤怒，下次可能是不让他吃冰激凌把他激怒。当他了解了愤怒这个词，妈妈引导他处理愤怒这种情绪就会变得容易。

接下来每当嘟嘟出现愤怒情绪，他就会用类似的方法处理，等他情绪恢复之后，我就会表扬他情绪控制能力得到了提高。他自己会为此自豪，所以会时常积极演习我教给他的各种情绪控制方法。

第 8 节
成功与习惯：
优秀人士的13个好习惯

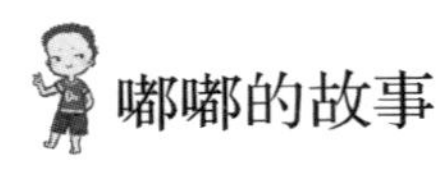

嘟嘟的故事

为了让嘟嘟养成每天刷牙的好习惯，身为妈妈的我简直操碎了心。

刷牙的难题甚至一度成为破坏我们母子关系的最大杀手，其中发生的故事，我简直可以说上三天三夜。

每天的早上和晚上，我都能经历从亲妈—后妈—怪兽的三重身份转化。

先用亲妈的口吻温柔地规劝嘟嘟去刷牙，然后被嘟嘟“温柔地拒绝了”；

然后转化为后妈身份：“你不刷牙，昨天买的好吃的脏脏包和草莓酸奶就不能吃了。”

嘟嘟听后心不甘情不愿地缓步挪进卫生间，开始玩水、玩水杯、玩洗手间内能拿到的所有东西，就是不肯拿起牙刷和牙膏。

最后我只能化为“怪兽”，用整栋大楼都能听见的音量大吼：“嘟嘟，快给我刷牙！”

在这种巨大声波的威慑下，嘟嘟才有可能立马完成他的刷牙工作。

晚上临睡前，上述的所有流程要再次上演……

也许有的家长会认为我小题大做，觉得不过是四五岁的小孩子，不刷牙便不刷了，反正乳牙早晚会换的。

我却不这么认为，因为这里面涉及了让孩子从小养成好习惯的重要导向问题。

我曾经向自己的牙科医生请教过儿童龋齿的问题，她告诉我，中国平均每10个学龄儿童就有8个存在龋齿问题。

孩子如果从小没有养成良好的护牙习惯，换牙之后也很容易产生龋齿，而且乳牙的龋齿一旦深入牙根，会直接影响今后恒牙的生长，使孩子的咀嚼功能受阻，不利于小朋友的身体发育。

我和小熊都非常重视孩子们的牙齿问题，这不仅仅是为了他们的身体健康，更重要的是希望孩子们从小养成良好的行为习惯，长大后才有可能成为一个优秀的人。

我很认同一句话：优秀不是一种行为，而是一种习惯，我们日复一日做的事情，决定了我们是怎样的人。

这就好比一个人，从小就没有养成良好的理财习惯，没有积极正面的消费观念，长大后即使发了横财，照样会破产、过上穷日子。

水湄有话说：优秀人士的13个好习惯

什么样的习惯，才能称之为好的习惯?

美国作家托马斯·科里花了5年时间，跟踪了177位白手起家的百万富翁，研究他们的生活习惯。发现这些成功人士和一般人，在生活习惯上有着很大的差别。最后，他总结出了这些成功人士的13个共同的好习惯。

1. 保持阅读

88%的优秀人士每天至少会进行30分钟的阅读。我们熟知的股神巴菲特每天的阅读量可以达到600~1 000页；Facebook的创始人扎克伯格每两周会看完一本书；比尔·盖茨更是说："虽然我现在可以去任何地方，向任何人讨教，但是，阅读仍然是我得到新知识的主要途径。"

2. 坚持锻炼

马云热爱打太极是很多人都知道的事，他甚至还为此专门拍了电影；王石热爱登山，59岁还能登上珠穆朗玛峰顶。这些人都认为保持好身体，才能更努力地工作。

3. 结识其他成功人士

2018年1月，在达沃斯举行的世界经济论坛上，马云、刘强东抓住机会，分别设下世界级饭局，来宾有微软创始人比尔·盖茨、加拿大总理特鲁多、英国前首相托尼·布莱尔等。

他们这样做的目的，为的就是结交其他同样成功的人，扩展自己的圈子，让自己的视野更开阔、人际关系更广阔。

4. 坚持早起

王健林每天4点起床，已故的美国苹果公司联合创办人乔布斯每天4点半起床。一半以上白手起家的百万富翁，至少在工作时间前三个小时起床。这是应对日常工作突发情况的一种解决策略。

5. 追求自己的目标

摩拜单车的创始人胡玮炜，她最初创办摩拜的时候并没有过多地去考虑这个公司能不能做大，而只是坚定一个目标，就是要让一个城市更适合骑行，让更多人在0~5公里的出行范围内选择绿色出行。后来，摩拜单车一步步打开全国市场。

6. 有多种收入来源

很多白手起家的百万富翁不会依靠单一的收入来源，他们有多种收入，比如房地产租赁、股市投资、副业的部分所有权等。

雷军是小米的创始人，但是很多人不知道的是，雷军还拥有金山、YY的大量股份，他之前还曾是猎豹移动的董事长。不过，后来为了小米能顺利上市，他才辞掉了猎豹移动董事长一职。

7. 保持积极的人生态度

俞敏洪在成功之前也经历过多次失败，他三次参加高考，前两次都名落孙山，第三次才终于考入北京大学英语系。

在上学期间，俞敏洪还曾因病休学一年。毕业后他留校任教，当时想出国留学，但由于种种原因，最终没有成功。

后来为生计所迫，俞敏洪与同学一起在校外开办培训班赚钱，却为此丢了自己在北大的工作。

他不断尝试、不断失败、不断改进，最终，积极的人生态度让他成功创办了北京新东方学校。

8. 有自己的导师

巴菲特在1949年读完《聪明的投资者》一书后，该书的作者本杰明·格雷厄姆便成了他的偶像。当时的格雷厄姆正在哥伦比亚大学商学院担任教授，巴菲特便向哥伦比亚大学递交了申请，从此格雷厄姆成了他的导师。巴菲特从他身上学到了很多知识，两人也建立了深厚的友谊。

9. 不随波逐流

马云在最初创立阿里巴巴的时候，没有一个人看好他，甚至他要求做一个公司的BBS，其他合伙人和下属都反对，急得他不得不直接下死命令。这份坚持最终让他成了我们口中的“马云爸爸”。

10. 乐于助人

马云在创立阿里巴巴成功之后，联合其他一些著名企业家和学者，一起创办了湖畔大学，目的是为年轻的创业者传道授业，协助青年企业家走得更远，让他们的企业活得更长久。

11. 自我反省

独立思考是成功人士的日常活动之一，富人倾向于在早晨至少独立思考15分钟。他们经常会问自己这样的问题：“我怎么做才能赚更多钱？我的工作让我开心吗？我锻炼时间足够吗？我还可以参与哪些慈善活动？”

12. 倾听别人的意见

我们平时因为害怕被人打击和嘲笑，很少主动向他人寻求意见。但是倾听专业人士的意见，无论这些意见是正面的还是反面的，都有值得我们思考和学习的地方，都可以让我们大概了解自己正在做的事情是否方向正确，是否需要调整等。

13. 礼仪周到

这个就不用多说了，谁都喜欢和彬彬有礼、有教养的人交朋友。给人留下良好的印象，是建立人脉的关键。

情景延伸：让孩子养成良好习惯的方法

孩子年纪越小，越容易让他养成好习惯，家长们得抓住这一最佳时机。我建议，可以从以下两个方面着手：

1. 为孩子寻找学习的榜样

《影响力》是美国著名心理学家罗伯特・B・西奥迪尼（Robert B. Cialdini）的著作。在书中，罗伯特用自己的儿子学游泳的事例说明了榜样的力量。

罗伯特的儿子原本非常怕水，无论家人怎么劝说都不愿踏入游泳池。罗伯特甚至请了专业的游泳教练，他的儿子依然没有学会游泳。

就在大家束手无策的时候，孩子参加了学校组织的野营活动，其中有一个项目是在大游泳池里游泳。在野营活动结束的时候，罗伯特去接儿子，结果发现儿子和其他的孩子一起在游泳池里游得正高兴。

罗伯特非常高兴地问儿子："你会游泳了？"

儿子很自然地回答："是啊，今天学会了。"罗伯特很兴奋地夸奖了儿子。

他儿子却轻松地说："班上的小伙伴和我一样大，他们都会游泳了，为什么我不能呢！"

这就是榜样的力量，给孩子寻找积极向上的榜样，往往能起到事半功倍的作用，这与我们的老话"近朱者赤，近墨者黑"是一个道理。

2. 从生活的小事入手，培养孩子的好习惯

家长想让孩子养成什么好习惯，就需要从小训练孩子，心平气和地引导和激励孩子，让孩子认识到这个习惯的重要性。好行为出现的次数越多，好习惯就会形成得越牢。

好习惯都是训练出来的，家长可以从孩子每天的生活小事入手，比如每天的早起、每天固定半小时的阅读、每天帮家长倒垃圾等。

家长要一件小事一件小事地培养孩子，千万别奢望一口气就把孩子逼成“模范生”。

亲子游戏：和孩子一起聊名人

家长可以问问孩子喜欢哪个名人，为什么喜欢这个名人，这位名人身上有哪些特质吸引人？让孩子想想自己应该怎么做才能拥有这个名人身上的这些特质。

第9节
财富与梦想：
梦想，是最大的财富

嘟嘟的故事

嘟嘟今年快4岁了，像其他的父母一样，我对他的未来充满了期待。

我和他聊天的时候，经常逗他："嘟嘟，以后你长大了想要当什么？"

嘟嘟每次都给我天马行空的回答：

我要当无所不知的奇异博士；

我要天天开着爆裂飞车满世界打坏人；

我要当世界上最爱妈妈的人……

各种充满童趣的回答常常惹得我开怀大笑。无论他的回答是什么，我通常都是报以鼓励和支持。

然而，我身边的很多家长听到自己的孩子暴露出这种“志向”，就算不大惊失色，也要在心里反思——孩子怎么会有这种乱七八糟的想法呢？

我有一位朋友，她的女儿12岁，梦想是做时尚博主。可是她双双为外企高管的父母，给她的规划是出国读高中，考常青藤大学，毕业后回国当个大学老师。

还有一位朋友，儿子15岁，小男孩的母亲是画家，父亲是大提琴演奏家，在艺术世家的熏陶下长大的孩子很喜欢画画，也得过不少画展的奖。照理说，他的父母都从事艺术行业，母亲也在绘画行业内有一些人脉，孩子本身又有绘画天赋，做家长的应该支持他才对。但是，他的父母坚决不同意他今后从事艺术行业，他们期望儿子能够学经济，将来去华尔街工作。

家长为孩子规划的发展道路，孩子不喜欢啊！

水湄有话说：父母的概率论

我总在想，为什么父母和孩子设想的未来总是不一样呢？

最后终于发现，似乎父母喜欢的职业，都是“最安全的选择”，而不是对孩子“最好的选择”。

父母喜欢的职业，都是成功概率比较大的；而不是艺术家或时尚博主这种千万人中只有几个能做出成就的，成功概率很低的行业。

可是，成功率高的行业就一定是正确的吗？不见得！

且听我把理由一一道来：

第一，大部分的家长视角有限，只根据自己的个人经验来判断。

比如前文提到的例子中，我的那位朋友根本不知道时尚博主是个什么职业，我帮忙解释了半天她才恍然大悟地说：“哦，那就是跟淘宝模特差不多。”

这样的理解让我哑口无言，不过，就算孩子现在的梦想是当时尚博主，那又怎么样呢？作为YouTube上出名的时尚博主之一，琪亚拉·法拉格尼（Chiara Ferragni）的成功之路已经被写进了哈佛商学院的案例分析。

第二，历史在不断地发展。很多家长只能回望过去，却很少能准确地判断未来。我以前亲耳听过家里的亲戚们劝自己的儿子一定要去外企工作，说哪怕只是做做复印文件的普通工作，也有稳定的高薪；千万别去那些没听过名字的互联网公司，那都是一些普通民企，做事不正规，还鱼龙混杂。但是，谁会想到腾讯会发展成我国第一大互联网公司，谁又预测得到当年人手一部的诺基亚会倒闭呢？——没错，他儿子当时想去的那家民企正是腾讯，最后去了的那家外企便是诺基亚。

第三，也是最重要的原因：概率问题。这个问题固然重要，我内心也知道许多家长的出发点确实是为了子女好。但是，薪水稳定的工作只能解决温饱问题，却解决不了内在驱动力的问题。就比如我刚毕业的时候，家里的长辈们都劝我找份稳定的工作，我当时也确实顺从家里的意见当了几年公务员。可是最终，我还是听从了自己内心的选择，辞掉了这份稳定但是无法发挥自己所长的工作，开始了创业之路。喜欢一个行业，才是能在那个行业里做好的关键。

情景延伸：让孩子学“不赚钱”的专业

事实上，也许大部分家长对孩子未来的期望，就是赚钱，或者养家糊口、生活稳定。因此他们在孩子很小的时候，就注意引导其兴趣向“实际”的专业发展。

但在我看来，即使家长对孩子的期望如此“实际”，教育他们的方法也不能这么“实际”。

什么意思呢？前一阵子高考结束，许多家长总是倾向于让孩子学金融、会计这些好找工作的热门专业，而对于中文、历史、语言文学这类的专业，往往嗤之以鼻——学这些有什么用？到时候工作不好找，难道还要靠父母养活吗？

其实，很多大公司的人才，大学专业往往不那么“对口”。比如，我当初在大公司的招聘会上问过一些人，像IBM这样的大企业，里面的人专业背景有学历史的，有学文学的，还有学通信技术的。在他们看来，工作上需要你完成的东西，属于“技能”，是可以短时间培训出来的；而知识文化带给你的思考和积淀，是潜移默化中影响你的。比如历史会让你在思考时具有大局观念，文学会让你学会人际关系中的待人接物，而这恰恰是“赚钱”的专业不会讲到的。

相似的情景，在好莱坞的很多大腕明星中也有体现，比如《沉默的羔羊》的主演朱迪·福斯特（Jodie Foster），是耶鲁大学文学专业毕业的，同时辅修了古典文学、拉丁文，除了英语和法语，她还会说意大利语和西班牙语，这些看似“无用”的东西，都为她以后成为演员、导演提供了更加深刻的人文思考，而仅仅培训“演技”是远远达不到这样的高度的。娜塔莉·波特曼是哈佛大学心理学和希伯来语专业毕业的，在我看来，正是文化的积淀让她在演员、编剧甚至是导演这个领域，走得更深、更远。

在我看来，孩子的兴趣就应该多样和抽象，因为非专业学的东西对日后的帮助更大。那些期望孩子长大赚钱的家长，最后可能所获无多。《一岁就上常青藤》里面有个例子，作者认识一个在数学方面很有天赋的孩子，他本来可以在数学专业上有更深的造诣，比如成为高校的教授，成为华尔街的“炼金师”，或者成为经营对冲基金的亿万富翁；但是这个孩子最后听从家长的建议，选择了“实用”——学了经济学，毕业后在华尔街的一家银行工作，成了一名普通的中层白领。

有的家长可能觉得：中层白领已经很好了！年薪百万还不够吗？亿万富翁什么的，太不切实际。

可是这些家长可能没有想过，也许他们的孩子就是下一个亿万富翁，而他的天赋就在一个个“实用”“赚钱”的现实考虑之下被扼杀了。

小孩子的内心充满了幻想和童真，这种品质既浪漫又宝贵，他们对未来充满了各种想法，也让未来充满了各种可能性。

家长大可不必太着急否定孩子，因为孩子的理想很有可能一天三变，就好比嘟嘟，前一秒还想当动画片里的奇异博士，下一秒又换成了开着爆裂飞车向前冲了。

首先，家长应该做的是保护孩子的天赋，发掘他们的兴趣和特长，进而鼓励孩子将其转化为理想。

腾讯的创始人马化腾年幼时酷爱天文，他14岁的时候曾向父母索要一台准专业级的天文望远镜，但这要花掉他父亲当时将近4个月的工资。他的父母拒绝了他。他就在自己的日记里写道：“爸妈扼杀了我成为一个科学家的梦想。”后来的某一天，他的妈妈无意中看到了这篇日记，于是就给他买了这台望远镜。

马化腾在15岁的时候，凭借这台望远镜观测了哈雷彗星，在学校进行的比赛中得了三等奖和40元奖金。从此，他对天文学的爱好就被保留下来了。整个中学时代，马化腾一直在参加天文兴趣小组。

这件事情看似跟马化腾后来的创业没有关系，但是从这件小事我们却可以看到，一位少年是如何追随自己真正的兴趣，找到自己撬动世界杠杆的支撑点的。

其次，家长应该鼓励孩子多做尝试，战胜挫折。

孩子天真烂漫，喜欢幻想，容易受到环境影响而改变自己的梦想。同时也因为对环境认识不足，常常一遇到挫折就放弃自己的想法。

家长平时需要鼓励孩子多做尝试，但是不要过分干预孩子，因为这是锻炼孩子的好时机。比如，孩子刚开始学习穿鞋子的时候，家长要预留出足够的时间等待孩子自己将鞋子穿好，而不是为了着急出门而替孩子把鞋子穿上。

孩子遇到挫折，家长应该协助孩子一起找出失败的原因，并鼓励他再接再厉，多做尝试。如果听之任之，不闻不问，很多孩子会在心理上受到挫折，从而产生消极情绪，甚至对所做的事情失去兴趣。如果家长能协助孩子渡过难关，就会增加孩子的信心，让他越挫越勇，让他有信心去解决未来出现的各种问题。

最后，如果孩子对未来没有想法怎么办？家长不妨鼓励他们先设立近期的小目标。

孩子如果有爱好、有目标、有方向，家长适当引导即可，可是如果没有该怎么办呢？不少家长觉得自己的孩子天资平平，没有爱好，没有特长，一个兴趣班接着一个兴趣班的送去学习，却总是不了了之，这让家长们操碎了心。

其实，家长可以先不要跟孩子提远大的理想，遥远而虚无缥缈的事情反而会令孩子不知所措，家长不妨先鼓励孩子设立一个近期的小目标。

比如，在新的一个学期内学习一百个英语单词，在一个月内学会游泳，在一个星期内每天认识一个新朋友，甚至在周末学习给家人做一顿晚餐。

把点滴小事做好，孩子便会不断成长，对未来也会充满期待。

亲子游戏：和孩子一起聊聊未来

家长可以问问孩子对于自己的未来有什么看法和想法。

无论孩子的想法是多么异想天开，家长都不要对其进行打击或嘲笑，而要给予鼓励和正面的引导。如果家长自身的能力不足以引导孩子，就需要鼓励孩子向专业人士咨询。

梦想总要有的，万一实现了呢？

第10节
小熊爸爸有话说：我希望孩子从事什么工作

写在前面：这是本书正文的最后一节。这篇文章不是水湄写的，而是小熊爸爸写的。那么，小熊爸爸又会分享他的什么观点呢？

嘟嘟和双胞胎的故事

最近经常带双胞胎出门玩，一个用背带背着，一个用手推车推着，我一个人可以搞定两个。

有一次，在电梯中碰到同楼的一位准妈妈，她看到双胞胎时大吃一惊："两个孩子的小腿露出来了！"

她叫得这么响，我还以为怎么了。我知道她只是出于好心，于是淡淡地说了句："不要紧的。"

“怎么会不要紧，会着凉的！”说完，她立马动手将双胞胎的裤子拉好，遮住小腿后才放心地离开。

我一个人呆呆地站在原地——今天32℃，姐妹俩已经满头大汗了……

许多中国人似乎和风有仇。在他们眼中，好像什么病都是因为吹风引起的，只要穿上足够多的衣服就百病不侵了。在农耕时代，人在田间劳作时出了汗，被风吹后很容易染上风寒，而那时医学落后，得风寒也可能失去性命，所以“怕风”的习俗就这样遗留了下来。

除此之外，中国的家长对孩子还“不惜代价”。我也是不久前才知道，现在市场上已经有小孩子的学步教练了。1岁不到的小孩可以在教练的搀扶下，在一条充气垫上学走路，而这样的“课程”居然每小时收费300元！

然而，如此高昂的费用依然有很多家长带孩子光顾，他们还说：“为了孩子的未来，花这点钱值得。”

你也许会说，这有什么错呢?

事实上，小孩学走路是一个自然而然的过程，不需要揠苗助长。当他们还没有准备好的时候，家长强行让他们走，强行让他们站立，反而会对他们的脊椎、腿骨等发育不利。

还有，在充气垫上行走比在硬地板上行走需要更高的肌肉协调性，这对于儿童的平衡力发育更不利。

大部分的中国家长似乎总是处于焦虑之中，同时还会把这种焦虑传达给自己的孩子。“不要让你的孩子输在起跑线上”这句十分著名的育儿口号被不少家长奉为行动指南，于是不少家长在这句口号的指引下要求自己的孩子8个月便能走路，1岁要会讲英文，2岁要会背唐诗300首，5岁能解奥数题，16岁创业成功，20岁公司上市……

我很想问一句，这些要求家长自己做得到吗？

当家长自己都不爱学习，一本书几个月都看不完，还有什么资格去要求自己的孩子呢？

小熊爸爸有话说：我希望孩子从事什么工作？

我听说某国外的投行人士，为他的儿子做好了精密的人生规划。这名男孩先是会进入伊顿公学，然后入读剑桥大学，之后会在德意志银行开始他的投行职业生涯。然而，命运被安排得明明白白的这个孩子当时才6个月大。

一年前听说这个故事的时候便觉得好笑，现在听来更可笑了——两个月前德意志银行宣布要裁员9 000人，而80%的人员要从投行部里裁撤。

在嘲笑完这位父亲的培养野心之后，我开始思考，我希望自己的孩子将来从事什么职业呢？

先说说两种常见的父母教育的模式：

1. 家长式管理

为自己的孩子精挑细选一个职业，然后规划教育道路。比如，未来进德意志银行投行部，需要从剑桥大学等名牌大学毕业；为了进剑桥，需要从伊顿公学这样级别的中学毕业；而要进伊顿公学，需要……就这样，一环套一环地规划到孩子的幼儿园甚至是幼教老师。

相信没有孩子会打心底里喜欢这样从小就规划好的一生，而且家长式的管理，往往会使孩子产生逆反心理，孩子不甘遵照父母的意愿行事，于是很可能导致激烈的家庭矛盾。

2. 参与式管理

参与式管理在“80后”家长中使用较多，家长潜移默化地影响自己孩子的职业规划。比如，家长希望孩子成为投资银行家，就反复在他面前说投行的各种好处，并刻意带他参加和职业规划相关的活动，或者从小让他管钱等。

这种模式其实在本质上和第一种模式的理念是一致的，就是家长认为孩子应该做什么职业，便从小培养孩子那方面的能力。虽然第二种模式在手段上可能稍微温柔一些，但对于孩子的控制一点都不比第一种模式少。

想让自己的孩子成为基金经理的家长不知有没有认真想过，这个行业在未来的30年很可能是一个萎缩的行业，因为量化投资可以替代大部分的人工工作。而在一个走下坡路的行业中工作，是一件很痛苦的事情，我相信没有家长愿意自己的孩子将日子过得每天都看不到希望。所以在我看来，与其培养孩子们的职业道路，不如培养他们的品质。

来自一个父亲的箴言：40岁的我，希望你们成为什么样的人？

致我的三只小熊：

在说希望你们成为什么样的人之前，我先说说，我不想你们成为怎样的人。

只有一点，不要成为受控者。

中国式的巨婴们都有受控者倾向，自己不论做什么事情都是为了别人：我的成功为了别人，我的失败也归咎于他人。

比如，我的人生不如意，是因为我没碰到一个好男人。

公公婆婆的控制欲极强，婆媳吵架。丈夫感叹：我怎么会碰到这样的父母？妻子感慨：我怎么会选择不敢反抗的男人。

再比如，学习成绩不好，是因为我不喜欢这个专业，我是被调剂来的或父母帮我挑选的。

大学同寝室的人太差，导致我的学习成绩不好。

……

我希望你们能明白，你们的一生中没有什么任务是必须做的，没有什么作业是为了别人做的。你自己决定什么是重要的，随后你也要为自己的决定承担责任。

我希望你们今后无论做什么，都保留3个品质：

1. 好奇心

我见过不少人才30多岁，甚至20多岁，已经活的和70岁的老人一样了。他们避免所有的风险和意外，追求稳定的人生，按部就班地工作、生活。

我很好奇那些想要稳定平淡度过一生的人，是否意识到我们的生命只有这一次！我也很想问他们一句，既然我们只有一次生存机会，为什么不尽可能地活出精彩，不尽情挥洒人生？

《肖申克的救赎》中有这样一句话："要么忙着生存，要么忙着死。"（Get busy living or get busy dying.）

2. 多元化思维

天下没有绝对的善与恶。

上面这句话可能很多人会不同意。我在年轻的时候，思维也很狭隘，觉得全天下只有我的三观最正。后来才发现，由于文化和传统的差异，人的三观也存在很大差别。在我们看来，人吃人是骇人听闻的一件事，也是令人发指的一种行为，但在非洲某些部落，他们认为这是很正确的一件事，也是很寻常的一种行为，因此他们依然保留着食人习俗。

在这些部落，亲人死后，族人为了记住他们，因此不将死者葬于地下，更不抛于荒野，而是族人一起吃掉死者，让死者成为自己身体的一部分，并保存一些残骨留作纪念。

听起来是不是觉得难以接受？在你们未来的成长中，可能会遭受各种文化的冲击，不论是西方的自由民主精神，还是东方的威权主义，都源于各自的不同理念。

你可能会思考，哪个更正确？那我只能告诉你，思考正确与错误，这个行为本身就可能是错误的。

就像我们如果依据自己的文化，去指责上文中提到的非洲部落太野蛮，这种行为本身就显露出我们的傲慢。

《重版出来！》中有句话："包容才是世界上最大的力量。"你们未来肯定会形成自己的观点，但有自己的观点和文化背景的同时，还能够包容他人才是最大的善意。

3. 独立思考

最后，也是最重要的品质，就是独立思考。叔本华在他的《思想随笔》里，这样写道："从根本上说，只有独立思考才是一个人真正的灵魂。看一个人是一个什么样的人，我们通过他的眼神就能看出，善于独立思考的人，他们的眼神充满从容和淡定。”

上面说的这些，只是从我自己有限的生活经历中总结出来的，可能对也可能不对，需要你们自己去分辨。

人生是你们自己的，做自己喜欢的事最重要，不论未来你怎么活，只要你开心，爸爸就会为你们骄傲。

我相信你们肯定能活出比我更精彩的人生。

永远爱你们的小熊爸爸